当令好食

肥丁 著

餐桌上的二十四节气

贵州科技出版社

图书在版编目（CIP）数据

当令好食 / 肥丁著 . 一贵阳：贵州科技出版社，2017.9

　ISBN 978-7-5532-0591-5

　Ⅰ . ①当… Ⅱ . ①肥… Ⅲ . ①食谱 Ⅳ . ① TS972.12

中国版本图书馆 CIP 数据核字 (2017) 第 148121 号

当令好食

Dangling Haoshi

出版发行：贵州科技出版社

地　　　址：贵阳市中天会展城会展东路 A 座（邮政编码 550081）

网　　　址：http://www.gzstph.com

　　　　　　http://www.gzkj.com.cn

出 版 人：熊兴平

经　　　销：全国各地新华书店

印　　　刷：鹤山雅图仕印刷有限公司

版　　　次：2017 年 9 月第 1 版

印　　　次：2017 年 9 月第 1 次

字　　　数：380 千

印　　　张：12.25

开　　　本：787mmX1092mm　　1/16

书　　　号：ISBN 978-7-5532-0591-5

定　　　价：59.80 元

天猫旗舰店：http://gzkjcbs.tmall.com

顺应二十四节气，煮一桌"当令好食"

退出职场后，每天逛街市买菜，渐渐留意到货架上的食材悄然无声地随着季节更迭，微妙地回应天气变化。果蔬像内建计时器般，产季一到，自然生长得强壮茂盛，产量高，味道和营养亦特别好。春天的叶菜及五荤分外茁壮强健，夏天是瓜豆的天下，秋天根茎类尽领风骚，冬天十字花科价廉物美。所谓"不时不食"，花点心思搭配肉、海鲜、蛋、奶类等食材，就是我们最健康的营养菜单。

"节气"是古人智慧的结晶，用以指导农耕的历法。"二十四节气"反映了地球围绕太阳运行的过程，古人把 1 岁（差不多西历的一年）等分 24 份，以简短二字概括每 15 日的天气变化和物候特色，兼具天文理论和文学韵味。虽然大部分现代人不再从事耕作，但节气却从来没有离开过我们的生活。

肥丁在编写本书时，深深体会到当令食材是大自然的馈赠，时令饮食与身体所需是何其吻合！与其说本书的食谱是肥丁的特意制作，倒不如说是采购食材过程中的意外收获。假如你居住的地方与肥丁不同，也可以根据当地季节变换的规律，整理出一套属于自己的食材历，把当令食材带回家，让春夏秋冬重新回到餐桌上。

春

夏季增进食欲妙招 / 051

食欲之秋，容易发胖，怎么办？ / 095

春

农历新年吃得太丰盛，肠胃滞胀，又缺乏运动？不用担心，春季万物萌发，乍暖还寒的气候有利于蔬菜生长，其热量低、食物纤维丰富，多吃有助肠胃大扫除，排出毒素，说不定还可以减掉一些体重。一年之计在于春，把春令蔬菜列入你的菜单里，培养多菜少肉的饮食习惯，新的一年自然充满朝气和活力。

春季的肠胃清道夫

春季盛产的蔬菜种类繁多，食谱未能一一收录的，在这作简短介绍：

油菜花　富含钙及维生素C，能与食物中的胆固醇结合，减少身体对动物性脂肪的吸收，能降血脂。建议汆烫后不加调味料，享受清甜的风味。

芥蓝　含丰富的维生素A、维生素C、蛋白质和叶酸，它含的高钙低草酸，可帮助人体吸收钙质，防止色素沉淀。与碎冰糖及米酒一起炒，可降低苦味。

芹菜　富含钙、磷、铁、β－胡萝卜素，可降血压、血糖及血脂。芹菜叶中的β－胡萝卜素含量比叶柄高，可晾干磨末制成调味料。

苋菜　不含草酸，高铁高钙，富含多种矿物质和维生素K，能促进骨骼生长，有补血、凝血之效。红苋营养价值更胜一筹。属性偏凉，肠胃虚寒、手脚冰冷的女生不宜多吃。

竹笋　是食物纤维的宝库，可吸收油脂，降低胆固醇。清炒、煮汤、汆烫凉拌皆宜。切薄片后用淡盐水煮8～10分钟，可去除涩味。

【立春】

立春天气晴，百物好收成
二十四节气之始，岁岁又新年
冬天虽去，寒意仍眷恋难离
天气冷暖不定，特别注意天气变化，不要感冒哦

【食材历】

葱　韭菜　路荞（薤）
红葱头　洋葱
豌豆苗　豆芽

【雨水】

大地回春
绵绵细雨脉脉
草木纷纷萌发嫩芽
又是农夫春耕播种的时候
骤晴骤雨，时干时湿
气象变化较为剧烈

【食材历】

油菜花
芥蓝
油麦菜
竹笋
草莓

葱油饼

正月收成的葱水分饱满，氽烫香甜，生吃清脆。切段葱泡油熬煮至略焦，可把葱香彻底释放，空闲时多做一些存放，是提升菜肴味道的好帮手。葱不只是万能佐料，也可以制作主食，葱油饼是其一。肥丁的配方不加猪油，少油少盐，面团水量不多，不粘手，容易操作。刚煎好的葱油饼很酥脆，葱香扑鼻，配上一杯热豆浆，既可作为小吃也可当正餐。平凡，往往最耐人寻味。

材料（直径 15cm×6 个）：

葱 160g　油 250ml　中筋面粉 200g　40℃温水 125ml　黑、白芝麻 20g
黑、白胡椒粉 适量　速发酵母 1/4 小匙　白砂糖 5g　海盐 1/4 小匙　葱油 10ml
麻油 1/2 小匙　厚切生姜 1~2 片（涂油锅用）

做法：

1　葱去根，洗净，切段，用叉子将 160g 的葱段刨成细丝。把葱丝放入锅中，注入油，油浸过葱的 2/3 即可。

2　小火熬煮 10~15 分钟，葱丝慢慢由翠绿变为焦黄色，热油传出噼里啪啦的声音，闻到浓郁的香葱味。
　　葱丝泛黄变干，关火。以网勺过滤，装入干净的密封容器里，放置阴凉处保存。

3　中筋面粉混入酵母、砂糖及海盐，倒入温水，用手搅拌成团，保留 2 小匙温水调节面团湿度。用
　　手掌来回搓揉 5~6 分钟至面团起筋即可，别过度揉搓，否则面团带韧劲。

4　将面团放入大碗中，盖上保鲜膜或湿布，静置 40~50 分钟。

5　160g 葱洗净、沥干，用厨房纸巾吸干水分，切成葱花，均分 6 份备用。小火加热黑、白芝麻，炒香。

6　工作台上撒少许中筋面粉，把面团放在上面，轻轻搓揉压出空气，滚圆，分为 6 等份。将面团塑
　　成圆形，压扁，用面棍擀薄成直径约 22cm 的薄皮。如果面团很紧擀不开，可稍等一会儿，等面
　　团松弛再擀。

7　混合葱油与麻油，舀 1/2 小匙均匀涂抹在面皮上，撒上一些葱花和少许黑、白胡椒粉及芝麻。从
　　边缘慢慢卷起薄面皮成长条状，抓住两端，像打拉面的动作，轻轻甩打，两端渐渐拉长。中间还
　　未变细，双手移动往面条较中间的位置，重复甩打几次。如果面团太紧拉不开，可静置松弛一会
　　儿再拉。

8　把长条形的面团卷成螺旋形，用手掌压平，用面棍稍微擀薄成直径约 15cm 的薄饼，饼面撒些芝麻。

9　锅里放少许油，用厚切姜片把油均匀涂刷，可适当控制油量。放入葱油饼，中火加盖煎约 1 分钟，
　　饼面变金黄色，翻饼面加盖再煎另一面。油锅须用姜片再抹油，才可煎另一块。煎葱油饼时一定
　　要加盖，确保面团里外熟透。

葱油饼做法　　如何制作葱油

豌豆苗水晶饺

豌豆苗富含优质蛋白质、膳食纤维、氨基酸、钙及 B 族维生素。其性凉，能清热、消水肿及滋润皮肤。豌豆苗是蔬菜中的"干邑"，吃起来柔嫩滑润，烹煮后色泽依然青嫩，略带点青草味。广东点心豆苗饺以澄粉搓成饺子皮，馅料包入鲜虾与豌豆苗，再加点姜汁祛寒去草味，蒸熟之后晶莹剔透，更能凸显豌豆苗的清新翠绿！

材料（2 人份 / 32 个）：

澄粉 75g　　泰国生粉 50g
热水 200ml　　油 1 大匙

馅料：

豌豆苗 150g　　去壳海虾 200g
干贝 2 颗　　竹笋 70g
薄切生姜 1 片

调味料：

淡酱油 1 小匙　　鱼露 1 小匙
姜汁 1 小匙　　白砂糖 1/2 小匙
栗粉 1/2 小匙　　麻油 1 小匙
白胡椒粉 适量

预备馅料：

1　将干贝和竹笋用沸水汆烫 1 分钟，倒
　去煮过的水，竹笋沥干、切丁。干贝
　更换清水浸泡最少 2 小时，泡软后将
　水倒去，沥干，剥细丝。

2　豌豆苗用清水浸泡 20 分钟，倒掉清水，
　洗净，摘除嫩茎留下嫩叶。热水中放
　一块姜片，水滚后放入豌豆苗迅速汆
　烫，然后捞起，放在网勺上，放凉后
　拧干水分，剪碎备用。

3　海虾去壳：预备一碗清水，沿虾背切
　一刀，掀开，用刀挑出灰黑色 / 棕色
　的虾肠，把刀放入清水中，虾肠便会
　自然脱离。虾肚也同样操作。用厨房
　纸巾擦干，一半切丁，一半剁成虾浆。

4　将豌豆苗、虾浆、虾丁、竹笋、干贝
　放入大碗中，依次加入调味料，拌匀。
　蒸屉上铺一层烘焙纸，烘焙纸上抹少
　许油。

如何包豌豆苗水晶饺

做法：

1 混合澄粉和泰国生粉，注入 200ml 热水，快速拌匀成面团（不均匀没关系），此时面团还有点烫手，盖好，静置 5 分钟。

2 掀盖，加油，快速将面团揉搓至光滑没有粉粒，塑成长条状，并均分为 4 段，每段再切成 8 等份，做成 32 份、每份重约 10g 的面皮。将全部面皮放回碗内，碗下放一盘热水，盖上拧干的暖布，防止面皮冷却，使之保持湿润。

3 在工作台和刀面上抹少许油，取一份面皮，滚圆，用刀压扁，由右侧轻按推向左，再由左侧推回右边，直至刀面与工作台几乎贴平，移开，轻轻从刀面掀起薄薄的圆形饺皮。

4 饺皮上放馅料，包紧收口，折边，排在蒸屉上。饺子间需留空隙，以免蒸熟后饺皮互粘。煮一锅热水，水滚入锅，隔水大火蒸 5~6 分钟，饺皮变成透明即可。

水晶饺小秘诀：

面皮必须保持湿暖才不会干裂。每压好一张饺皮，就要立即包馅折边。

剩下的虾头怎么办？

虾头和虾壳可用夹链袋包好放进冰箱冷冻室保存，作为其他菜肴之用，如用来熬汤，味道非常鲜美。

免炸洋葱圈

洋葱能杀菌解腥，可提振食欲、帮助消化，预防血管硬化和骨质疏松，在欧洲有"蔬菜皇后"之称。洋葱所含的"蒜氨酸酶"，具有强烈的挥发性气味，刺激眼睛和鼻子，让人切洋葱时眼泪汪汪。但是只要一加热，它的味道就一百八十度大转变，由透明变成焦糖色，辣味消失了，渗出甘甜的汤汁，真是神奇的食材。

材料（分量：18~20 个）：

洋葱 1 个
在来米粉 1 又 1/2 大匙
（可用粘米粉）
粟粉 2 小匙
鸡蛋 1 颗
Parmesan 起司 2 大匙
鲜磨黑胡椒粉 1/2 小匙
海盐 1 小匙
迷迭香 1 大匙
日式面包粉 60g
油 1 大匙

做法：

1　日式面包粉混合油，用平底锅烘成金黄色，放在平盘上。
2　迷迭香切末。打散鸡蛋，加入起司、黑胡椒粉、海盐、迷迭香，搅拌均匀。
3　洋葱横向切成宽度约 2cm 的粗圈。
4　混合在来米粉与粟粉，放在有盖的食物盒中，再放入洋葱圈，盖好摇晃一下。
5　将沾满粉的洋葱圈逐一放入蛋液中摇晃一下，使其均匀沾上蛋液，用叉子舀起，滴下多余的蛋液，快速放入面包粉里，沾满面包粉后，放在烤盘上。
6　预热烤箱至 160℃，烤 8~10 分钟即可。

怎样挑选洋葱？

洋葱以肥厚、浑圆、坚实、纹路多，表皮及顶部干燥为佳。剥皮后，外侧葱肉青绿，味道辛辣，表示鲜嫩。放在阴凉处可保存数月，空气潮湿容易催芽，冒芽的洋葱无毒，只要将长芽部分削去就可以吃了。

不辣洋葱圈小秘诀：

洋葱圈烤过后辛辣味大减，但始终不如下锅炒般直接释放甜味。洋葱愈往内愈甜，制作洋葱圈宜选内层，较老和辛辣的外层可留起来做菜。

冰糖草莓

集甜美、娇贵于一身的春季果后——草莓，盛产于春夏交替之际，富含维生素C、水杨酸、果糖、蛋白质、有机酸、果胶和矿物质，能美白肌肤，防止皮肤老化，又可分解食物油脂，帮助消化。你说女生怎能不爱它？

材料：

草莓 20 颗　　碎冰糖 200g
热水 240ml　　冰水 1500ml

做法：

1　用热水洗净竹签，草莓洗净后去蒂，用竹签穿好，每枝竹签穿 1~2 颗草莓，较易操作。

2　冰糖、热水放入厚锅大火加热，轻轻搅拌，冰糖溶化，改为小火。

3　糖水熬煮 10~15 分钟，糖水蒸发掉水分变为糖浆，泡沫由大变细密，颜色如浅金黄色的啤酒。糖温到达 150℃时，快速放入草莓，转动一圈裹上薄而均匀的糖浆，再迅速放入冰水中冷却，捞起，插在杯子里，或放在已抹油的盘子或不沾布上。若不准备立即食用，可放进冰箱。

4　如没有温度计，可用筷子蘸一下糖浆，能拉出丝，放进冰水里变脆，糖温便差不多达 150℃。若糖浆熬煮时间过长，变成棕色，表示已经煮焦且变苦，不能食用。

冰糖草莓小秘诀：

熬糖浆宜选厚锅，保持糖温。草莓放入沸腾的糖浆中后，要尽快捞起，否则会降低糖浆的温度，糖温太低便会粘牙。

如何清洗草莓？

草莓植株较矮，果实细嫩多汁，即使有机种植没打农药，肥料及一些细菌也会沾附在它粗糙的表面上，食用前最好保留蒂头，用流水冲洗，否则细菌会随水渗入果肉。

【惊蛰】

春雷乍响，一雷惊蛰始
惊醒入冬蛰伏的动物
雷电和阵雨频繁
出门记得带雨具
气温渐渐回暖，温度上升
食物容易腐坏
小心病从口入哟

【食材历】

芹菜　枸杞菜　芦笋
陈皮　桂花鱼　柑橘
枇杷

【春分】

百花盛放，春游赏花，不亦乐乎

春分这一天，白天和夜晚的时间一样长

过了这一天，北半球白天渐长，夜晚渐短

时而风和日丽，时而疾风骤雨

冬衣还是别急着收起来

【食材历】

莴苣　荠菜　菠菜　茼蒿

蒜苗　鲫鱼　桑椹

枇杷茶巾

枇杷因其形状像乐器琵琶而得名。新鲜的枇杷，表面布满白色细毛，柔软多汁，味道为淡淡的酸和甜，有润肺、生津、止咳之效。枇杷与蜂蜜的味道十分搭配，制成茶巾甚有禅意，为初春带来一抹甘甜羞涩之味。

材料:

枇杷 4 颗　　　柠檬汁 1 小匙
蜂蜜 60g　　　洋菜丝 3g
清水 200ml

做法:

1　在直径约 5cm 的小碗中铺上保鲜膜，备用。将洋菜丝和清水放入小锅里浸泡 15~20 分钟，浸软后以小火加热，煮沸，洋菜丝全部溶解，即可关火。

2　用流水冲洗枇杷，削皮去核，加入柠檬汁防止变黑，用手提搅拌棒打成果汁。

3　混合枇杷汁和洋菜丝汤，加入蜂蜜拌匀，倒入小碗里，拧紧保鲜膜，放进冰箱冷藏，凝固后取出，拆掉保鲜膜，即可享用。

枇杷的挑选与保存:

枇杷要选择颗粒大，果梗附近饱满，外皮无伤痕，并有完整绒毛和果粉的。枇杷不必存放冰箱，放置阴凉处可保存 4 ~ 5 天。

杂菜莴苣卷

莴苣又叫"生菜"，顾名思义，非常适合生吃。奶油莴苣的质感比一般莴苣柔软，口味清甜，包卷肉丁、圣女果、酪梨及胡萝卜丝，蘸上特别调制的海鲜花生酱，口味清新，充满春天的气息。

材料（3～4 人份）：

奶油莴苣 600g(约 1 个)
鸡腿或鸡胸肉 360g
淡酱油 1 又 1/2 大匙
鱼露 1 大匙
白砂糖 1 小匙
粟粉 1 小匙
麻油 1 小匙
米酒 1 小匙
冷矿泉水（清洗莴苣用）500ml

海鲜花生酱：

海鲜酱 1 大匙
花生酱 4 大匙
青柠汁 1 大匙
红椒粉 1 大匙
红葱头 1 颗
麻油 1/2 小匙
清水 60ml

配菜（可选择性加入）：

松子 30g
胡萝卜 1 根
酪梨 1 个
圣女果 20 颗

做法：

1 红葱头拍扁去皮，切末。将麻油及红葱头末放入锅中小火爆香，加入清水、海鲜酱、花生酱、红椒粉及青柠汁，拌匀，关火，作为酱料。

2 奶油莴苣用流水冲洗干净，再用冷矿泉水浸泡 10~15 分钟，放在网筛上沥干。胡萝卜削皮刨丝、酪梨去皮切丁、圣女果切半。

3 平底锅不放油，放入松子，小火烘至微焦，盛起。

4 平底锅加入 1 小匙油，放入鸡肉、米酒翻炒，加盖 1~2 分钟将鸡肉煮熟透。铺在莴苣上，拌上其他配菜，蘸酱料享用。

鸡腿去骨的方法：

鸡腿去皮，鸡腿背向上，顺沿鸡骨切开，用手指分开肉与骨，筋肉相连的部分用刀切开，取一块完整鸡腿肉，切丁，依次加入淡酱油、鱼露、白砂糖、麻油及粟粉。最少腌 1 小时。

莴苣的挑选与保存：

外层淡绿色、内层淡黄色，叶片柔软的奶油莴苣为新鲜。若不立即食用，不要沾水，放进保鲜盒中收入冰箱，保鲜盒内部不宜太深，以免蔬菜的重量使下方叶子受压变质。金属刀具会使叶片变色，宜用陶瓷刀或手撕成适合的大小。

该怎么腌制肉类？

腌制肉类，若先加入粉类或油脂，会妨碍肉质吸收调味料的味道。最好的顺序是：液体调味料（淡酱油、鱼露）→干性调味料（白砂糖、红椒粉）→粉类及油脂（粟粉、麻油）。

自制菠菜意大利面

菠菜所含的铁质并不是特别丰富，但其胡萝卜素、叶酸及维生素含量倒是高于其他蔬菜，适合儿童及孕妇食用。菠菜草酸高、涩味重，把菠菜烫过后可除涩味，混合面粉制成意大利面，和松子、白蘑菇、奶油一起炒，就可尽情享受菠菜的美味了。

材料（2 人份）：

菠菜 50g　　中筋面粉 75g　　Semolina 小麦粉 45g　　蛋液 50g
初榨橄榄油 1 又 1/2 小匙　　海盐 1/4 小匙

如何擀意大利面

做法：

1　菠菜洗净，热水氽烫 1 分钟，放入冰水冷却。尽量榨干，用厨房纸巾吸干剩下的水分，加入蛋液，用手提搅拌棒捣碎成菠菜汁。

2　混合中筋面粉和 Semolina 小麦粉，用网勺筛。在面粉中间钻一个凹槽，注入一半菠菜汁，同时加入橄榄油及海盐，用指尖将周围的面粉拨入中央，完全混合后，注入剩下的菠菜汁，用刮板将周围的面粉拨往中心，直至面粉完全吸收蛋液。

3　左手按住面团尾端，右手将面团往前推，对折，向下压，再拉开，重复以上动作，不断揉搓 8~10 分钟，面团开始变得光滑不粘手。若揉搓 10 分钟后仍然很粘，可加少许面粉，再揉，注意控制面粉的分量。

4　搓好的面团光滑柔软，有弹性不粘手。滚圆，用碗盖住，静置松弛 30 分钟。

5　面团分成 3 等份，塑成长方形，用面棍擀薄，折 3 折再压薄，重复 3~4 次能让面条更富有弹性，面皮会渐渐由不规则状变成长方形。

6　在面皮上抹少许面粉，从压面机滚筒最大的宽厚度开始压，肥丁的压面机最宽为 7 度，压薄后收窄至 6 度，如此类推，把面团压成你喜欢的厚度。

7　卷起压好的面皮，切成喜欢的宽度，轻轻分开面条，放在撒了面粉的大盘上。如用压面机切割面团，建议双手沾面粉，当面条滚动压出一半时，用手接住面条，可避免面条缠绕在一起。

8　扫掉面条上多余的面粉，平放在撒有面粉的工作台上，风干 1 小时，不用等面条完全干透，分 2 份绕成一捆，用夹链袋包好，可存放冰箱 2~3 天。

蒜苗炒牛肉

开花期的蒜头会长出肥大绿色的花梗，又名"蒜苗""蒜毫"或"蒜芯"，味道比蒜头亲民多了，保留蒜的甜味但不太辛辣，鲜嫩爽口。蒜苗的营养价值绝不逊于蒜头，可杀菌、健脾胃、预防流行性感冒、保护心血管和肝脏。春天的蒜苗最好吃，以粤菜小炒的烹调方式，爆香蒜苗，锁住嫩绿，吃起来多汁爽脆，可搭配猪肉片、牛肉片或海鲜，花费时间不多，很快便能上菜。

材料（2 人份）：

蒜苗 600g
牛肉 300g
独子蒜头 1 颗
红葱头 1 颗
薄切生姜 2 片
油 1 小匙

牛肉腌料：

淡酱油 1 大匙
白砂糖 1 小匙
鱼露 1 小匙
粟粉 1 小匙
黑、白胡椒粉 适量

芡汁：

蚝油 1 大匙
白砂糖 1 小匙
麻油 1 小匙
粟粉 1 小匙
清水 4 大匙

做法：

1 蒜苗除去花蕾，茎部切成 4~5cm 长段。用刀拍扁红葱头及蒜头，去皮切末。调好芡汁。

2 牛肉切片，依次加入淡酱油、鱼露、白砂糖、胡椒粉拌匀，最后加入粟粉。

3 锅里加入 1 小匙油，大火烧热至略微冒烟，放入牛肉，先不要翻动，改调中火把牛肉边缘煎熟，翻面，炒至七八分熟，牛肉保留少许红色，盛入碗中。

4 油锅洗净抹干，放入红葱头末及蒜末，加 1 小匙油爆香，放入蒜苗及姜片，猛火急炒约 2 分钟，让蒜苗均匀受热。蒜苗较难从颜色判断生熟，最好直接试品，熟蒜苗没有刺鼻的味道，入口爽甜。

5 牛肉回锅，浇上芡汁，蒜苗遇到咸味芡汁会出水，所以不能炒太久，快速翻炒至芡汁均匀沾上材料，盛盘。注意翻炒过程中不要加盖或加水焖煮。

蒜苗的挑选与保存：
枝条浓绿饱满，近花蕾部分嫩白的蒜苗才新鲜。尾部发黄、顶端开花的蒜苗，纤维已经变粗，不好吃了。新鲜蒜苗用塑料袋装好放进冰箱可保存数天。

牛肉怎样切更好？
牛肉肌理粗且坚韧，煮熟后会收缩，难以咀嚼，还容易嵌到牙缝里，所以要挑肌理幼细的牛肉，观察断裂层纹路，用锋利的刀切薄片，看到竖纹，就横着切，把肌理的纤维切断，口感更好。

桑椹薄荷果酱

桑椹不像草莓般讨人喜欢，不过营养价值满分，自古以来是中国皇帝的御用补品。桑椹富含铁、维生素 A 及维生素 C，能提高免疫力、延缓衰老、美肤养颜。每年 3–5 月清明节前后采收，果实不能受挤压，保存不易，所以桑椹一上市，就要把握时机多买一些。成熟的桑椹为深紫色，肉厚多汁，果胶丰厚，适合制作果酱，放少许糖就能煮得浓稠，与薄荷叶一起煮，口味更加清爽。

材料（分量：1 瓶约 300ml）：

桑椹 200g　　碎冰糖 50g　　柠檬汁 1 大匙　　鲜采薄荷叶 30 片

做法：

1　玻璃瓶放入沸水中煮 10 分钟消毒，移往预热 100℃的烤箱烘干，或用吹风机吹干。
2　桑椹洗净，去蒂。薄荷叶洗净，沥干，撕成碎末，更能散发薄荷的香气。
3　桑椹、碎冰糖放入小锅中，小火加热。冰糖溶解后关火，加入柠檬汁拌匀，静置
　　30 分钟，让桑椹出水。
4　中火把桑椹煮软，捞起泡沫，刚开始果汁量多且稀，待水分蒸发后，果汁会渐渐
　　变少，流动变慢。用木匙轻刮锅底，能轻松刮出一道痕迹，即视为果汁已达到合
　　适的浓稠度，再加入手撕薄荷叶。趁热装瓶，倒置冷却，放进冰箱可保存 3 个月。

桑椹的保存：
买回来的桑椹要尽快食用、打果汁或冷冻保存，否则会很快出水，发霉变坏。桑椹性寒，
脾胃虚寒者、孕妇不宜食用。

果酱凝固点测试：
果酱在凝胶状态下才能保存，凝胶的浓稠度关乎水果与糖的比例，以及水果本身的
果胶含量。若想知道果酱冷却后是否变稠，需要进行凝固点测试，果酱温度达到
103~105℃，即到达凝固点。用熬糖温度计测量是最准确的，若没有，可尝试以下方法。
懒人法：当果酱流动变慢或果汁变少时，用木匙轻刮锅底，如能轻松刮出一道痕迹，
即为凝固。
省钱法：把热果酱滴在冷冻过的盘子上，如能用手指刮出明显的痕迹，即可关火。
凝固法：将热果酱滴入盛有冰水的玻璃杯中，果酱不散开整块沉入杯底，即成。

【清明】

一如诗人所说
清明时节雨纷纷
记忆中的清明节好像总是飘着雨丝
日间虽明丽回暖，但冷锋还会过境
白天阳光普照，晚上气温急降
容易受寒着凉，春装外还要添衣啊

【食材历】

蒜头　艾草　蜂蜜　甜瓜
青梅　甜酒酿

【食材历】

【谷雨】

雨水生百谷，依依别春光
天气渐暖，雨量充沛
有利于谷类农作物的生长
春天虽至，寒意犹存
未食五月粽，寒衣不入柜

香蕉　释迦

豆瓣菜　苋菜　香椿

香蒜面包

蒜头也称"大蒜"，是厨房里的调味好帮手。蒜头虽小巧，但其营养价值却比其他很多食材要高。用新鲜蒜头和香草制成香蒜酱，涂抹吐司或欧式面包，送进烤箱，那香味连不喜欢蒜头的朋友也吃个不停。早晨吃一片香蒜面包，预防感冒，之后喝一点牛奶或是吃一些含蛋白质的食物，便可去除口中的蒜味。

材料：

无盐奶油 150g　　鲜采罗勒叶 10 片
多瓣蒜头 1 颗　　独子蒜头 1 颗　　油 适量
海盐、胡椒粉 适量　　法式长棍 随意

做法：

1　奶油置于室温放软，用手指轻压下凹即可切丁，备用。

2　预热烤箱至 140℃。剥开多瓣蒜头，均匀涂油，盖上铝箔纸烤 20 分钟，把蒜头烤软，剥开蒜皮，剁成蒜泥，放凉。独子蒜头用刀拍扁，去皮，磨泥。将罗勒叶撕碎。高温烘焙蒜头，宜选高烟点的苦茶油或酪梨油。

3　混合奶油、烤过和没烤过的蒜泥、罗勒叶、海盐和胡椒粉，搅拌均匀。

4　将混合好的食材用烘焙纸卷成圆柱体，拧紧两端，放入冰箱冷藏最少 3 天，可降低蒜头刺激的味道。

5　食用时，将蒜料涂抹在面包上，送进 100℃烤箱烤 10~15 分钟，即可。

如何快速软化冰硬的奶油？

将冰硬的奶油放在 2 张烘焙纸之间，用面棍来回滚压，在推压的过程中奶油会快速软化，只需 2~3 分钟便能达到室温软化的效果。

艾草草饼

艾草又名"苦艾",多年生草本植物,生命力极强,田边荒野随处可见。春秋时代,艾草已是重要的民生植物。艾草富含铁质,其浓烈的香气能驱蚊虫,中医将艾草用于针灸的"灸",点燃制干的艾草熏烫穴位。清明时分是采摘艾草的最佳季节,把新鲜艾草烘干磨末,混合糯米粉,包入红豆泥,即成艾草草饼,绵软的粉团捏在手里,隐隐闻到清香,顿觉心旷神怡。

材料（分量：8个）：

新鲜艾草 80g（或 5g 日本艾草粉代替，两者香味不同）
糯米粉 100g　　Demerara 原蔗糖 20g
麦芽糖 20g　　　糕粉 适量
红豆泥 160g　　90℃热水 90ml

自制红豆泥材料：

红豆 250g　Demerara 原蔗糖 100g　　麦芽糖 2 匙
澄粉 15g　　油 1 大匙　　海盐 少许　　清水 1000ml

艾草粉 · 做法：

80g 艾草洗净，晾干，分开叶和梗，避免日晒以防变色。将叶和梗分别用烘干机或烤箱，以 70℃ 烘烤至摸起来硬脆。用搅拌机打碎艾草叶，可获得约 5g 粗纤维的艾草粉。

红豆泥 · 做法：

红豆泡水 2 小时或以上，倒掉泡过的水。放入锅中，加入 1000ml 的清水，煮滚后，调为小火熬煮 30~45 分钟，把红豆煮软，直至剩下少许水分，加入原蔗糖及海盐，拌匀。用手提搅拌棒打成红豆泥。加入麦芽糖、油，小火加热，不停搅拌，让水分蒸发，小心焦锅底，用网勺过滤澄粉，再加入红豆泥中拌匀即可。

艾草草饼 · 做法：

1 5g 艾草粉加入少许清水拌匀，用网勺过滤汁液去除涩味。

2 糯米粉用网勺过筛，用浅盘盛，放入艾草粉、麦芽糖及原蔗糖，冲入热水，以木勺拌匀，搅拌时以稍有阻力为佳，抹平。

3 隔水大火蒸 15~20 分钟，面团表面膨胀有光泽即为蒸熟。

4 红豆泥搓成圆形，每个重约 16g。

5 在石臼、刮板、刀及木槌上抹油，面团很粘手，用刮板舀起放入石臼，用木槌打出弹性。如果没有石臼，可把面团放在抹过油的耐热塑胶袋内，戴手套趁热揉匀。

6 在工作台上抹少许油，将面团分为 8 等份。工作台上撒少许糕粉，取一份面团，滚圆，压扁，沾少许糕粉，用拇指按成薄圆片，包入红豆泥，收口，底部再沾些糕粉防粘，即可享用。气温低于 15℃，可置于室温保存 1~2 天。

自制红豆泥　　艾草草饼做法

自制甜酒酿

糯米在中国传统食品中的地位举足轻重。古人认为清明时分的水质最好，适合储存起来制作甜酒酿。它的做法十分简易，糯米混合酒曲，发酵 1~2 天，甜味出来就大功告成了。淀粉质被分解后，本来 Q 软有嚼劲的糯米，变得松软容易消化，自成天然的甜味，伴随清淡的酒香，真是人间美味。

材料：

糯米 600g（短粒糯米味道更佳）　　粉状酒曲 3g

做法：

1　糯米洗净，泡水 6 小时或以上，泡至能轻易用手捏碎，沥干水分。

2　蒸笼里铺上棉布，放入糯米，压平，盖好，隔水大火蒸 30 分钟。

3　用自来水冲洗糯米，使其温度降至 36℃，再将糯米盛入清洁的玻璃容器里。

4　撒入酒曲，拌匀即可，不用紧压，用清洁无油腻的筷子在中间旋一个洞，瓶盖不用
　　封死。

5　酒曲最理想的发酵温度为 30~35℃，超过 37℃糯米便会变酸。任何保温功能的电
　　饭锅都可帮助发酵，锅中注入冷水，放一个蒸架，放上玻璃瓶，瓶身不能接触锅身
　　及水，否则温度会过高，水蒸干再添冷水，用手触摸玻璃瓶，感觉烫手便要关掉进
　　行保温，最好定期用温度计监测。把瓶子放在暖气出风口也有保温效果。

6　发酵 24~48 小时后，糯米开始出酒，释出甜味即可放进冰箱冷藏，尽快食用。

甜酒酿发酵小秘诀：

1　若酒曲是块状或圆球状，需碾磨成细粉末才能使用。

2　酒酿只需轻微发酵，让糯米部分糖化即可，所以发酵温度及时间必须准确，电子温度
　　计是必要的。喜欢酒味浓郁的可延长发酵时间至 72 小时，但不能过久，否则糯米会变
　　成又干又硬的米渣。

3　酒曲和酵母一样需要生菌酝酿发酵，所以瓶子不用消毒。但发酵成功后便要防止杂菌
　　滋生，试味一定要用干净的汤匙，若要分瓶送人，容器必须消毒。

香蕉松饼

香蕉产量高，是物美价廉的大众水果。冬季开花，春季采收的"春蕉"，风味最佳，5-6月气温升高，香蕉的味道会稍差。香蕉营养均衡，几乎含所有的维生素和矿物质，含丰富的食物纤维及果胶，能帮助消化、润肠、降低中风概率。用香蕉制作松饼，不需要特别的模具，低糖，无泡打粉，晚上做好放进冰箱，次日喷水送进烤箱烤热，是便捷又能量满分的早餐，完全满足繁忙都市人的需要。

材料（3~4 人份）：

香蕉 120g（约 1 根）　中筋面粉 200g
鸡蛋 1 颗　Demerara 原蔗糖 3 小匙　牛奶 200ml｜温水 100ml

柠檬蜂蜜酱材料：

蜂蜜 2 大匙　柠檬汁 1 大匙　海盐 适量　鲜采薄荷叶 适量

做法：

1　香蕉剥皮，用叉捣碎。混合温水及原蔗糖，搅拌至完全溶解。

2　分开蛋黄与蛋白，在面粉中间拨开一个小洞，放入蛋黄搅拌，逐步加
　　入牛奶及香蕉，最后加入温糖水，搅拌成没有粉粒的粉浆。

3　用打蛋器将蛋白打至硬性发泡，蛋白霜的棱角要挺直不下垂。

4　把蛋白霜轻轻拌入粉浆，不用太均匀，搅拌过度会导致消泡。

5　平底锅加热，不放油，倒入一勺粉浆，小火加热至起泡，松饼边缘渐熟，
　　便可翻面煎另一面，如果平底锅够大，可同时多煎几块，节省时间和
　　能源!

6　食用时加入手撕薄荷叶，拌匀柠檬蜂蜜酱的材料，浇上即成。

如何打蛋白霜　　　如何翻拌蛋白霜

香蕉的挑选和保存：

完全成熟的香蕉，果皮易裂，不利于搬运及贮藏，故多于七八分熟时采收，
一些零售商急于出售，采用乙烯催熟。购买时最好挑果皮仍稍微带青绿色的，
不用放进冰箱，挂在阴凉通风处，静待果皮自然变黄成熟。

面粉如何分类？

面粉有高筋、中筋、低筋及无筋之分。不同国家有不同的名称，购买时只要
留意包装上的蛋白质含量，便能轻易区分。蛋白质含量愈高，麸质及黏性愈
强。高筋面粉蛋白质含量为 12.5%~13.5%，中筋面粉 9.5%~12%，低筋
面粉 8.5% 以下，无筋面粉（澄粉）0%。

春季套餐（3~4人份）

韭菜豆腐肉末

凉拌绿豆芽

粉葛鲫鱼瘦肉汤

春季天气变化无常，忽冷忽热，不妨多吃韭菜，预防感冒。深绿色的韭菜和浅黄色的韭黄切丁炒香，铺在煎香的豆腐上，浇上蚝油姜芡汁，色香味俱全，很好下饭。一道凉拌绿豆芽，可以调理肠胃。健脾去湿的汤水最适合在春季食用，粉葛鲫鱼瘦肉汤的汤料包括消除肌肉酸痛的粉葛、补脾胃的鲫鱼、消水肿的赤小豆以及健脾的扁豆，有补虚强身之效。

食材特写

韭菜

先秦时期已有韭菜的相关记载。古人说，"春食则香，夏食则臭"，初春的韭菜生长旺盛，香气浓烈，细嫩无渣。韭菜富含食物纤维、锌、钾、铁及叶绿素，可促进肠胃蠕动，提振食欲，促进血液循环，改善贫血。其独特的芳香气味能调节自律神经，对生理不顺或纾解压力有帮助。中医认为韭菜性辛温，能补肝肾。

把韭菜栽种于不见日光之处，叶子无法进行光合作用，颜色较清淡的便是"韭黄"。因为栽种韭黄费时，所以价格比较贵。韭菜适合清炒或煮汤，若不能接受韭菜的味道，可余烫后再食用。酸性调味料会破坏韭菜中的胡萝卜素，故不宜与醋同食。

豆芽

豆芽是豆科种子泡水萌发的幼芽，可作蔬菜食用，味道清淡，但其营养价值却不容忽视。豆子在萌芽过程中会消耗本身的一些营养成分，如淀粉、蛋白质及脂肪，同时大幅增加维生素、其他微量元素及食物纤维，所以豆芽热量低，营养丰富，是清爽解腻的优质食材。

绿豆芽、黄豆芽、苜蓿芽、豌豆芽、蚕豆芽等都是豆芽家族的成员，不同的豆芽品种各有优点。绿豆芽维生素 C 丰富，其蛋白质分解成氨基酸更容易被人体吸收。黄豆芽富含蛋白质、食物纤维及植物固醇。豆芽最好连同豆子一起吃，因为豆子仍有不少营养成分，去掉很可惜哦！

粉葛

粉葛与制成干货的中药材"葛根"相同，富含蛋白质、食物纤维及淀粉质。中医认为粉葛能退热，生津止渴，升阳止泻。身体感觉疲倦乏力、肌肉酸痛、头重脚轻，颈背肌肉拉紧、疼痛，食欲不振，可用新鲜粉葛熬汤，作为辅助食疗。新鲜粉葛以重沉、硬实为佳，去皮后颜色较白，切开后刀上留有粉末，纤维少最好。

套餐食材

凉拌绿豆芽

绿豆芽 400g
海盐 1/4 小匙
酿造酱油 2 大匙
黑芝麻粉 2 大匙
红椒粉 1 小匙
麻油 1 大匙

粉葛鲫鱼瘦肉汤

粉葛 600g
鲫鱼 1 尾（约 280g）
瘦猪肉 280g
胡萝卜 280g（约 1 根）
扁豆 18g
赤小豆 18g
陈皮 2 大片
蜜枣 3~4 颗
厚切生姜 1 片
清水 3000ml

韭菜豆腐肉末

梅花猪绞肉 300g
韭菜＋韭黄 300g
布包豆腐 2 块
红葱头、蒜头 各 2 颗
米酒 1 大匙

猪肉腌料：
淡酱油 1 小匙
鱼露 1 小匙
白砂糖 1 小匙
麻油 1 小匙
粟粉 1 小匙
黑、白胡椒粉 适量

芡汁：
淡酱油 1 大匙
浓酱油 1 小匙
蚝油 1 大匙
白砂糖 2 小匙
姜汁 1 大匙
粟粉 1 小匙
清水 7 大匙
黑、白胡椒粉 适量

韭菜豆腐肉末

做法:

1 绞碎梅花肉,不用太细,保留少许肉丁口感。依次放淡酱油、鱼露、砂糖、粟粉、麻油及胡椒粉,拌匀。

2 摘去韭菜、韭黄枯干的叶和根,洗净,用清水浸泡 20 分钟。

3 红葱头、蒜头拍扁去皮,切末。韭菜、韭黄沥干,切丁备用。将豆腐切厚块,再用厨房纸巾吸干水分。

4 锅里加少许油,中火把豆腐煎香,每面煎 5~6 分钟至表面呈少许金黄色,盛盘。

5 姜去皮磨末榨汁,混合浓酱油、淡酱油、蚝油、砂糖、粟粉、清水及胡椒粉,拌匀。

6 油锅洗净,加 1 小匙油烧热,大火爆香红葱头、蒜末,放入梅花猪绞肉,倒入米酒,先用锅铲压平,再翻炒成肉末,然后改为小火,加盖焖 1 分钟,烧干肉末的汤汁,盛起,洗净油锅。

7 以少许油烧热油锅,放入韭菜和韭黄快炒约 1 分钟,闻到韭菜香,梅花猪绞肉回锅炒匀,铺在豆腐上。洗净油锅,把芡汁倒入锅中煮沸成浓稠状,均匀浇在肉末上。

凉拌绿豆芽

做法：

绿豆芽去根部，煮一锅热水，水滚加入绿豆芽及海盐氽烫 30 秒，捞起，沥干。
浇上麻油、酿造酱油、黑芝麻粉及红椒粉，拌匀即可。

粉葛鲫鱼瘦肉汤

做法：

1 扁豆、赤小豆、陈皮用热水泡 30 分钟，氽水。浸软陈皮，用汤匙刮掉白瓤。
   蜜枣洗净。
2 小锅里注入冷水，放入瘦猪肉，小火慢慢煮沸，捞起浮沫和杂质，倒去煮过的
   水，把瘦肉放进汤锅。
3 鲫鱼去鳞，清除内脏、血水和黑膜，用厨房纸巾抹干。锅中放入 1 小匙油，
   大火加热，用姜片均匀涂刷锅面，等锅里冒出白烟，放入鲫鱼，改为小火煎 5
   分钟，翻面，煎至金黄色即可关火。
4 用大汤锅煮沸 3000ml 清水。粉葛皮可用刀撕开，切厚块。胡萝卜去皮，切
   厚块，放入汤锅，加入扁豆、赤小豆、陈皮、蜜枣，最后放入鲫鱼，小火熬煮
   约 1 小时 30 分钟。
5 把鲫鱼捞起，放少许海盐，拌匀，即可享用。

蚝油的挑选：

蚝油以蚝和盐水熬煮而成，质感黏稠，是粤菜常用的调味料，能提升食物的鲜味，
适合腌肉，煮芡汁或蘸食。市面上销售的蚝油一般添加有谷氨酸钠（味精），其
实蚝油本身就含有天然的谷氨酸钠，建议选购无添加谷氨酸钠的蚝油产品，味道
也很棒。

春季套餐（3～4人份）

盐烧鲭鱼

芦笋炒虾仁

枸杞猪肝汤

早春至初夏是吃芦笋的最佳季节，以二段的调味方法猛火急炒，不加栗粉芡，不用香葱，保留芦笋和虾仁的爽口嚼劲，味道层次丰富。4-5月鲭鱼产量丰足，鲭鱼油脂丰富，高温把鱼油逼出滋润细嫩的鱼肉，以日本盐曲和赤味噌腌渍，咸味恰到好处，简单的步骤便可做出餐厅水平。春季重在护肝，来一锅明目养肝肾的枸杞猪肝汤，简单而营养的春季套餐，丰富你的餐桌。

食材特写

芦笋

芦笋的肉质根茎于春季从地下长出新芽，嫩芽似笋，故名芦笋。芦笋富含叶酸及天门冬素，有助排毒及消除疲劳，可提高免疫力及抗癌力，能预防高血压及心血管疾病。《神农本草经》将芦笋列为"上品之上"，现代医学界和营养师一致认为它是营养价值高的保健蔬菜，"春季蔬菜王"这个称号，芦笋当之无愧。芦笋有绿色、白色和紫色之分。芦笋宜选笋尖松软，鳞片紧密及笋身坚实的。芦笋最好吃的部分是嫩茎，做料理时应避免烹煮过度，造成营养流失；清烫后浇汁也相当美味。

枸杞

枸杞生命力坚韧，春秋二季当令，其花、叶、根及籽实都有保健功能。枸杞根又名"地骨皮"，是常见的中药材。枸杞叶性凉，富含甜菜酸、芦丁、多种氨基酸和微量元素，有养肝明目及软化血管之效，适合熬汤。宁夏枸杞子是枸杞成熟干燥后的果实，性平和，常用于茶饮和药膳，含丰富的胡萝卜素，明目功效极佳。

鲭鱼

鲭鱼又名青花鱼或花飞，出没于太平洋及大西洋的海岸，品种很多。每年4、5、10月为盛产期。鲭鱼富含蛋白质以及不饱和脂肪酸二十碳五烯酸（EPA）和二十二碳六烯酸（DHA），能促进人的大脑、视觉和神经系统发育，并可降低胆固醇及预防血管疾病。

套餐食材

盐烧鲭鱼

鲭鱼 2 尾
日本盐曲 2 小匙
日本赤味噌 1/2 小匙
白萝卜泥 适量
青柠汁 适量

芦笋炒虾仁

芦笋 560g
连壳海虾 300g
独子蒜头 1 颗
红葱头 1 颗
花雕 1 大匙
鲜磨黑胡椒粉 适量

调味汁：
淡酱油 1 又 1/2 小匙
鱼露 1 大匙
蚝油 1 小匙
Demerara 原蔗糖 1 大匙
麻油 1 小匙

枸杞猪肝汤

猪肝 200g
枸杞叶 100g
枸杞子 10~15 颗
薄切生姜 3 片
白砂糖 1 小匙
海盐 适量
清水 1500ml

猪肝腌料：
淡酱油 1 小匙
米酒 1 小匙
姜泥 2 大匙
葱 1 株
粟粉 1 小匙
麻油 适量
白胡椒粉 适量

盐烧鲭鱼

做法：

1　鲭鱼洗净，用厨房纸巾抹干。混合盐曲与赤味噌，均匀涂抹在鲭鱼上，鱼肉刺小孔让调味料入味，静置 30 分钟。白萝卜削皮磨泥，备用。

2　预热烤箱 160℃，烤盘铺上铝箔纸，涂少许油，放上鲭鱼烤 10 分钟，取出翻面，再烤 8~10 分钟。

3　从烤箱中取出鲭鱼，拌入白萝卜泥，盛盘，吃的时候浇上青柠汁。

芦笋炒虾仁

做法：

1　芦笋洗净，用清水浸泡 20 分钟，沥干，削去接近根部的硬皮，切成 3~4cm 的长段。拍扁红葱头及蒜头，去皮。蒜头切末，红葱头切薄片。海虾去壳挑肠，混合鱼露、淡酱油、蚝油、麻油及原蔗糖成调味汁。

2　锅中放 1 小匙油，大火烧热，爆香蒜末，放入海虾及 1 大匙调味汁，大火爆炒 1~2 分钟，海虾卷曲即可盛盘，洗净油锅。

3　锅中放入 2 大匙油，爆香红葱头片至微焦，放入芦笋及剩余的调味汁，大火翻炒 2~3 分钟，闻到焦糖的香味，若调味汁很快煮干，可加入 1/2 小匙清水防焦。试吃芦笋，若够清脆，虾仁回锅，倒入花雕，翻炒数下，盛盘，加入适量鲜磨黑胡椒粉，即可享用。

枸杞猪肝汤

做法：

1　猪肝用清水冲洗干净，切成约 5mm 的厚片，浸泡约 1 小时。姜削皮磨泥。葱洗净切段，用叉子刨葱丝。

2　倒去泡猪肝的水，放入姜泥、葱丝、米酒、淡酱油、粟粉、白胡椒粉及麻油拌匀，腌 10 分钟。

3　枸杞子用清水浸 15 分钟，洗净。枸杞叶用清水浸泡 15~20 分钟。枸杞茎锐刺多，摘叶时要小心。

4　煮沸 1500ml 清水，放入姜片，煮沸，加入枸杞叶和枸杞子，改为小火，加入猪肝，加盖煮 5 分钟，放入白砂糖及海盐调味即可。

桂花酒酿丸子

直接品尝甜酒酿也许味道太浓郁，拌入糖桂花和鸡蛋，加上糯米粉搓成的无馅小丸子，
微微的酒香，淡淡的甘甜，Q软的小丸子，在乍暖还寒的春日早晨吃一碗，温暖全身。

材料（3~4 人份）：

糯米粉 100g　　粘米粉 1/4 小匙
40℃温水 90ml　　糖桂花 2 小匙
甜酒酿 6 大匙　　鸡蛋 1 颗
热水 900ml

做法：

1　混合糯米粉及粘米粉，逐步加温水，搓
　成面团。把面团切半，每份搓成长条，
　切成直径约 1cm 的小丁，滚成小丸子，
　放在撒有糯米粉的盘子或不沾布上。

2　煮一锅 450ml 的热水，水滚放入丸子，
　丸子浮起来再煮 1~2 分钟后捞起，用
　40℃温开水冲洗。

3　把甜酒酿、糖桂花及小丸子均匀分配在
　4 个碗中。

4　另煮一锅 450ml 的热水，水滚后关火。
　边搅拌边加入已打散的蛋液，打成蛋花，
　倒进酒酿碗里，即可享用。

甜汤清澈小秘诀：
甜酒酿是发酵食品，加热会变酸，所以不
用煮沸。小丸子另外煮熟可保持甜汤清澈。
甜酒酿、糖桂花和水的比例可依喜好调整。

蜂蜜茉莉花茶

从清明到谷雨，春暖花开，是蜜蜂最忙碌的"蜜月期"。蜂蜜含有葡萄糖、果糖、各种维生素、矿物质和氨基酸。烟雨蒙蒙的日子容易让人心情郁闷，这时蜂蜜佐以安神定经、具养颜功效的茉莉花，冲调花茶，芬芳扑鼻。

材料（1人份）：

干茉莉花 2~3g
蜂蜜 3 小匙
热开水 400ml

做法：

1 把干茉莉花放入茶壶中。煮一锅热水，待温度下降至 90℃时倒入壶中，立即盖上盖子，以防香气散失，泡 3~5 分钟。

2 花茶放凉，茶温低于 50℃便可加入蜂蜜。

冲调蜂蜜水时，需要注意什么？
蜂蜜的主要成分果糖，在高温下不易感到甜味，冲调热饮时别过量添加。另外，高温加热蜂蜜会流失营养，冲调蜂蜜的温水不要超过 50℃。蜂蜜遇热会变酸。

夏

夏日带给我们蓝天和艳阳，可是潮湿闷热的天气，却让人烦躁、降低食欲。想吃冰凉的食物，又担心会给肠胃造成负担。食欲不振算不上疾病，却会影响身体摄取营养。只要善用当令食材，配合适当的烹调方式，就能以天然的方法增进食欲，保持身体健康。

夏季增进食欲妙招

善用天然酸味食材 柠檬、番茄、醋，含天然有机酸，适合调制酱汁和腌渍蔬菜。酸性食材有一定的抑菌能力，有助预防肠道感染疾病。

善用香草和辛香料 九层塔、罗勒、薄荷、百里香、奥勒冈（牛至）、姜，是天然的香料，含有特殊的芳香。栽种香草不占很多空间，不需特别照顾，随手采一两株，撒在菜肴上，能增进食欲。

凉拌做前菜 夏天，人的肠胃消化功能减弱，身体较易缺乏维生素与矿物质，以夏令蔬菜做成凉拌前菜，可刺激食欲。颜色愈深的蔬菜，营养愈高，如茄子。要特别留意，制作凉拌的蔬菜时最好先用开水洗净，不能用切过生肉的砧板和刀具，食用前不要放进冰箱滋长细菌，要即做即吃。

水果入馔 夏天是水果的天堂，或甜，或酸，或爽口，既可以丰富肉类和海鲜的味道，又能去油腻。水果丰富的色彩还可以点缀餐桌，增进食欲。

粥 别以为生病才吃粥哦！粥是煮烂的米粒、柔软滑润，容易消化，适合因暑热消化力弱的肠胃，又能补充出汗所消耗的水分，迅速补充血糖和能量。拌生姜丝，倍觉清爽，可健脾胃。

【立夏】

北方的湿气未散，南方的热空气来袭
阳光偶尔露面，雷雨欲降又止
让人很不痛快
蚊虫细菌滋长迅速
这时节雨具要随身
还要多打扫家居，预防疾病

【食材历】

佛手瓜　鸡蛋　空心菜
地瓜叶　荷叶　牛蒡
荷兰豆　蚕豆　豌豆

【小满】

夏热作物籽粒逐渐饱满
早稻开始结穗还未成熟
小满而未大满，夏云忽变奇峰，好不壮观
和暖多雨潮湿，食物、衣物要注意防霉
冷暖交汇频繁，特别警惕暴雨、狂风、雷电

【食材历】

槐花　韭菜花　茄子
番茄　子姜　红豆
樱桃　山竹

越南酸汤

酸汤是越南的家常菜，地位犹如泰国的冬荫功汤，家喻户晓。东南亚天气炎热，越南人又爱吃煎炸食物，酸味的汤水开胃、解渴、解油腻。肥丁在香港生活，很难买到地道的酸汤材料，如罗望子、藕苗等，唯有就地取材。幸好酸汤的食材十分有弹性，以空心菜代替藕苗，泰国青柠代替罗望子，丝毫不觉得逊色。

材料（3~4 人份）：

冷冻虾壳 200g　连壳新鲜海虾 300g　鱿鱼 200g　凤梨半个　番茄 2~3 个　空心菜 600g
辣椒（可选择性加入）适量　清水 1500ml

调味料：

泰国青柠 2 个　独子蒜头 半颗　白砂糖 3 小匙　鱼露 2 大匙　九层塔 2 株
白胡椒粉 适量　海盐 适量　红葱头 2~3 颗　油 2 大匙

做法：

1　冷冻虾壳加入清水 1500ml 一起小火熬煮 20~30 分钟成虾汤，捞起虾壳。

2　剪去鲜海虾头上的尖刺、眼和长须。

3　清水浸泡空心菜 15~20 分钟，洗净，分开菜叶和叶茎。凤梨去皮去钉，切块。番茄切 4 份。
　　鱿鱼洗净，切圈。泰国青柠去核榨汁。九层塔叶洗净，用手撕碎。蒜头拍扁，去皮切末。

4　红葱头去皮切片，煮沸 2 大匙油，加入红葱头片，炸至金黄色。

5　煮沸虾汤，同时烧热油锅，爆香鲜海虾及蒜末，别炒太熟，虾壳呈现微红色即可盛起，放
　　入虾汤里。油锅不用清洗，炒香鱿鱼、凤梨及番茄，放入汤中，再放入空心菜茎，煮沸，
　　最后加入空心菜叶。

6　加入青柠汁、鱼露、白砂糖、海盐和白胡椒粉，大火煮沸，试味，续入炸红葱头片和九层塔叶，
　　即可关火。越南酸汤不用长时间熬煮，所有材料加入后煮沸即可。

如何切凤梨？

凤梨横躺，切去顶部和底部，然后将凤梨竖立，由上而下切去外面的硬皮。再次把凤梨横躺，
沿着凤梨钉排列方向，用刀斜斜地一行行把钉子切出来，竖立切成 4 份，去凤梨芯，按个
人需求切块或切丁。

五香茶叶蛋

吃立夏蛋可说是立夏最经典的习俗。古人认为鸡蛋的形状犹如心脏，吃蛋可补充心气，预防夏天食欲不振、身倦肢软。鸡蛋富含蛋白质及氨基酸，营养媲美肉类但比肉类便宜，是平民化的营养食材。相传人们把鸡蛋放入喝剩下的茶叶水里烧煮，后人又加入其他香料不断改良，成为传统小食茶叶蛋。专家指出，鸡蛋和茶叶中所含的某些物质结合会刺激胃部，食用过量影响消化吸收。茶叶蛋少食多滋味，不要贪多啊！

材料：

鸡蛋 10 颗　　干香菇 4 颗　　海盐 2 小匙　　清水 600ml

调味料：
生抽 1 大匙　　老抽 1 小匙　　清水 500ml
Demerara 原蔗糖 3 小匙　　肉桂枝 2g
花椒 1/2 小匙　　八角 1 颗　　茴香籽 1 小匙
乌龙茶叶 10g　　Darjeeling 红茶叶 10g（茶叶可依个人喜好挑选）

做法：

1　用温水浸泡干香菇 20 分钟，倒掉泡过的水。

2　从冰箱里取出鸡蛋，退冰。用大头针在蛋壳上刺一个孔，不要弄破蛋壳，熬煮时可释放蛋壳里的压力，煮熟的鸡蛋便不会有凹洞。

3　混合清水和盐，盐溶解后放入鸡蛋，大火煮 10~15 分钟，用木勺翻动鸡蛋，可使蛋黄凝固在鸡蛋的正中央。

4　用刚煮沸的 500ml 热水冲泡乌龙茶叶及红茶叶，加盖泡 10 分钟。

5　把熟蛋立即放进冰水中冷却。在不同位置用汤匙轻敲蛋壳，敲出裂纹后放回盐水中，加入浸泡好的干香菇、生抽、老抽、花椒、八角、肉桂枝、茴香籽及原蔗糖。不要用布袋，把香料散落锅里，更容易熬出味道。煮沸，注入泡好的茶及茶叶，改为小火，熬煮约 2 小时。

6　捞出茶叶和香料，茶叶蛋留在汤汁里浸泡数小时更入味。但别泡过久，否则鸡蛋外面会过咸。吃不完的茶叶蛋要连壳放进冰箱，食用前再剥开蛋壳。

自制番茄酱

番茄的营养价值很高，特别是茄红素，是目前自然界中最强的抗氧化物之一，能保护细胞对抗老化、美白防晒、保护心血管。番茄必须加热才会释出茄红素，以当季番茄制作番茄酱，可以做出变化多端的料理。肥丁喜欢用不同品种的番茄，圣女果甜味浓厚，大番茄多肉多汁，加入胡萝卜、南瓜、洋葱及香草搅碎熬煮，真正番茄味，新鲜好吃无添加。

材料（分量：番茄酱 1200ml）：

大番茄 400g　　圣女果 400g　　胡萝卜 200g（2~3 根）　　南瓜 140g
洋葱 1 个　白蘑菇 6~8 颗　鲜采罗勒叶 20 片　鲜采奥勒冈 1 束
海盐、黑胡椒粉 适量

做法：

1　全部蔬菜洗净。胡萝卜去皮，切段。南瓜去皮，切厚块。大番茄切块。圣女果切半。

2　预热烤箱至 160℃，把胡萝卜、南瓜、大番茄及圣女果排在烤盘上，撒适量海盐、黑胡椒粉，烘烤 30 分钟。

3　罗勒叶及奥勒冈洗净，沥干。白蘑菇用沾湿的厨房纸巾擦干，切片。洋葱切丁，放入平底锅炒至金黄色出甜味，续入白蘑菇炒一会儿，关火，放凉备用。

4　把烤熟的大番茄和圣女果去皮。用汤匙刮出南瓜肉，放凉。

5　把所有材料放入大锅中，加入罗勒叶及奥勒冈，用手提搅拌棒打碎，慢火加热，不时搅拌，煮至冒烟。番茄酱加热后容易溅起，小心烫伤。

6　消毒玻璃瓶，倒入温热的番茄酱，加盖倒置，放凉，放入冰箱冷藏，保鲜期约 1 周。

番茄的挑选与保存：

番茄宜挑选果蒂小、颜色翠绿，外表圆滑无破损，果肉结实有弹性的。虽然市场上有不同颜色的番茄，但还是红色最好，颜色愈红所含的茄红素和甜度愈高。买回来后不用清洗，直接放进冰箱的蔬菜室，可保存 1 周。

【芒种】

有芒作物开始成熟
稻麦此时皆已吐穗结实
长出细芒，故称「芒种」
秋季作物播种的最适当时期，雨季入梅
淫雨霏霏，天气渐热，夏天，真的来了

【食材历】

玉米　茭白　夏南瓜
芒果　杨梅　小黄瓜
紫苏　九层塔

【夏至】

万物繁茂

一年中夜最短、昼最长的一日

此时南极之上，是无昼的日夜

梅雨让路，飓风袭来

雨势急，分布少，东山飘雨西山晴

【食材历】

丝瓜　罗勒　鱿鱼　桃子

李子　凤梨　荔枝　蓝莓

百香果

玉米奶油浓汤

玉米的维生素含量是稻米、小麦的 5~10 倍,富含淀粉质、食物纤维、钙、脂肪酸及卵磷脂。炎热的夏日,胃口不好,把玉米刨粒煎香,加奶油制成玉米浓汤,甘甜香滑,再配上烤面包,简单的轻食午餐,吃完不禁要高呼:"营养,好吃!"

材料（3~4 人份）：

新鲜玉米粒 500g（约 2 根）　　洋葱 40g（约半个）　　牛奶 250ml
淡奶油 125ml　　Parmesan 起司 25g　　Demerara 原蔗糖 1/2 大匙
海盐 1/4 小匙　　油 1 小匙　　咖喱粉 适量（可选择性加入）

做法：

1　洋葱切丁，起司刨丝。
2　拉起玉米皮，绑结，方便刨丁时拿着，用流水清洗，削粒。
3　平底锅放油、洋葱及玉米粒，小火炒约 5 分钟，加入原蔗糖及海盐，注意别把洋葱炒至焦糖色，盛起。
4　大锅里放入牛奶、淡奶油及起司，小火加热，不用煮沸，冒烟即可关火，加入玉米粒及洋葱。
5　保留部分玉米粒。余下的用手提搅拌棒打成细滑的玉米汤，以网勺过滤，加入玉米粒，试味，加入适量海盐及咖喱粉调味。

玉米的挑选与保存：

1　玉米汤若太浓稠，可酌量加入牛奶。如想做玉米羹，玉米汤搅匀后不用过滤，另加 100g 炒香的玉米粒，即可。
2　新鲜玉米叶片青绿，饱满沉实，椭圆形，玉米粒排列紧密，饱满有光泽，没酸味。轻按玉米的头尾，若不结实，可能授粉不均、发育不良，能食用的部分较少。玉米的甜度和营养价值会随着时间降低，最好尽快食用，若要存放数天，最好剥皮削粒，用夹链袋包好放进冷冻库。

自制芒果干

芒果品种繁多,是少数富含蛋白质的水果,同时含有丰富的维生素 A 及维生素 C,能润泽皮肤,生津解渴。把新鲜的芒果制成果干,锁住原色原味,无色素及防腐剂,可以放心适量地吃。因为没有加入添加剂做硬化处理,天然风干的芒果干质感较软,其滋味可与鲜芒果媲美。

材料:

芒果 450g
Demerara 原蔗糖 80g
蜂蜜 1 大匙
柠檬汁 1 大匙

芒果干小秘诀:

芒果的品种和质量直接影响芒果干的质量,爱文芒果、吕宋芒或苹果芒都适合。不宜挑选太熟的,要选肉质肥厚、细致挺实的,果粉厚、纤维少及红果肉的最好。若以日照晒干需时 1 ~ 2 天,罩上纱网防止小虫,没太阳时收起来放入冰箱。潮湿或下雨天不宜制作。

做法:

1 芒果去皮,把果肉切成 0.5~1cm 的厚片,果肉保留一点厚度,干燥后口感才好。

2 原蔗糖加到芒果肉中,拌匀。混合蜂蜜和柠檬汁,搅拌至蜂蜜溶化,加到芒果肉中。放入密封玻璃容器中,以免产生化学作用,存放冰箱 1~2 天。

3 从冰箱取出,倒去芒果的出水,用厨房纸巾吸干水分。

4 把芒果片平铺在烘架上,互不重叠,放入烤箱中,以 50 ~ 60℃低温烘 6~8 小时,每 2 小时翻面一次,干燥程度依个人喜好调整,但完全干透口感较差。

5 将做好的芒果干用烘焙纸包好,放入密封容器,存放冰箱继续抽干水分,保鲜期 4~5 天。

蓝莓果酱

娇小可爱的蓝色浆果拥有其他水果难以匹敌的保健价值。蓝莓中所含的花青素可保护视网膜，具有抗氧化功能，可防癌，还能降低罹患心血管疾病的风险。新鲜蓝莓的保鲜期不长，最好制成果酱。蓝莓含有丰富的果胶，只需要糖和柠檬汁，就可轻易煮成黏稠浓郁的果酱，新手也不容易失败。市面上售卖的果酱通常含有化学防腐剂，如柠檬酸，自己动手做肯定没有添加剂，吃得更放心。

材料：

蓝莓 170g
碎冰糖 50g
柠檬汁 3 大匙

做法：

1 盛装果酱的玻璃瓶消毒。
2 蓝莓洗净，放入小锅以中火熬煮，边煮边搅拌。1 分钟后，果实熬煮成汁，加入碎冰糖及柠檬汁，继续搅拌，调至大火将果汁的水分稍微煮干，3~4 分钟。用木勺搅拨，清楚看到小锅底部，即可关火。熬煮期间要不时搅拌，否则容易烧焦。
3 在冷藏过的小盘上滴一小滴，测试凝固点，用手指划一条痕，划痕清晰分明表示果酱够浓稠。
4 将果酱倒入消过毒的玻璃瓶中，盖上盖子，倒转成真空状态，存放于冰箱内，保鲜期约 3 个月。

蓝莓的挑选与保存：

1 蓝莓表面覆有一层白粉，是天然附着的果腊，具有保护作用。如非立即食用，无须清洗，放在冰箱里，可延长保鲜期。
2 超市售卖的蓝莓一般是包装好的，如蓝莓太柔软并渗出水分，表示过熟；若表面皱巴巴，可能不够新鲜。刚从冰箱里取出来的蓝莓，须放置室温下退冰后才能煮。

荔枝意式冰淇淋

荔枝的保鲜度要求特别高，古时别称"离枝"，意思为"离枝即食"。7月，红彤彤的荔枝结实累累，糯米糍、妃子笑、桂味等琳琅满目的品种，依着成熟期接力登场。荔枝性温热，果糖含量高达20%，维生素C丰富，滋补却容易上火。偏偏荔枝果肉香甜多汁，诱人口欲。肥丁想控制食量，制成冰淇淋，淡奶油的香气与荔枝出奇的对味，结果吃完一杯又一杯，克服诱惑，还是要靠意志力的。

材料（4~5 人份）：

去核荔枝果肉 350g　　脱脂牛奶 500ml
淡奶油 160ml　　碎冰糖 75g　　粟粉 10g

做法：

1　荔枝去皮去核，切丁，混合 35g 碎冰糖，放进冰箱 30 分钟，让荔枝出水，烹煮时较
　　不易焦底。

2　中火把荔枝煮至沸腾，用木匙搅拌 2~3 分钟，除去浮沫和杂质，关火，放凉。用手提
　　搅拌棒打碎成荔枝汁，放进冰箱。

3　混合脱脂牛奶、淡奶油及粟粉，用木匙搅拌至粟粉溶化，加入 40g 碎冰糖，中火加热，
　　不停搅拌至冰糖溶化，煮沸关火。倒入大盘里，底下垫一盘冰水，材料降温后拌入荔枝汁，
　　覆盖保鲜膜，放进冷冻库 3 小时以上。

4　冰淇淋凝固至半冰硬状态，从冷冻库取出，电动打蛋器调至最低速，从边缘开始搅拌，
　　全部搅拌均匀。喜欢有果肉的冰淇淋，可另加 10 颗去核荔枝。再放回冷冻库至半凝固。

5　重复做法 4，直至冰淇淋变得幼滑，移入清洁的密封容器，盖好放入冷冻库，完全凝固后，
　　即可享用。

荔枝的挑选与保存：
荔枝以饱满、皮皱、荔头大、果色鲜红最好。肉厚核小的品种得试吃才知道。用报纸包好
或用湿布盖好，存放冰箱可保存 3 ~ 4 天。若有酒味或果肉变色，则不能食用。

淡奶油是什么？
淡奶油 (Whipping Cream)，是从牛奶中提炼的动物性奶油之一，乳脂含量为 30%~35%，
没有甜味，打发后体积膨胀 2 倍及以上。保鲜期短，不能冷冻保存，否则油水分离。

【小暑】

小暑过，一日热三分
喜温的农作物迅速生长
炎夏的预告，热浪来袭
心境保持恬淡，心静自然凉

【食材历】

葫芦　豇豆　四季豆
扁豆　绿豆　西瓜
榴莲　酪梨　红毛丹

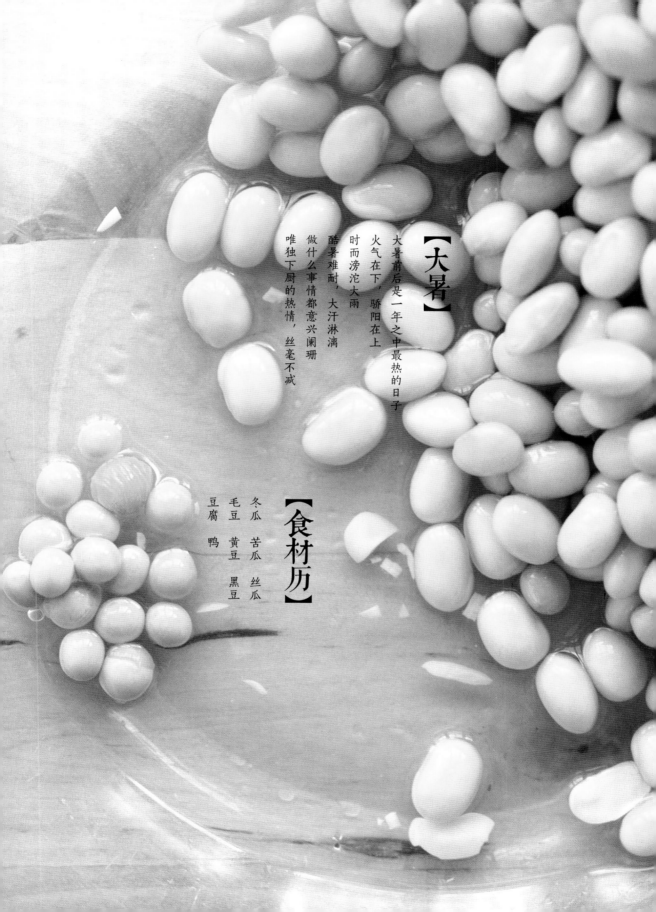

【大暑】

大暑前后是一年之中最热的日子

火气在下，骄阳在上

时而滂沱大雨

酷暑难耐，大汗淋漓

做什么事情都意兴阑珊

唯独下厨的热情，丝毫不减

【食材历】

冬瓜　苦瓜　丝瓜

毛豆　黄豆　黑豆

豆腐　鸭

虾丸酿豇豆

大家可能对豇豆不太熟悉，换成长豆或豆角就会立即会意过来。阳光是豇豆的好朋友，天气愈热，豇豆长得愈长，被视为长命百岁的象征。豇豆富含蛋白质、维生素 A、维生素 C、铁、锌、钙，适合孩子、孕妇及素食者。中医认为，豇豆有助于排出体内湿气，是夏令的理想食材。把豇豆打个如意结，酿虾丸煎香，浇上酱汁，就成一道充满夏日祝福的传统手工菜肴。

材料（2~3 人份）：

豇豆 12 根
冷冻草虾 150g
冷冻白虾 150g
米酒 1 小匙
白芝麻 适量

虾浆腌料：
蛋清 50g
栗粉 1 小匙
白砂糖 1/2 小匙
蒜末 1 小匙
米酒 1 小匙
海盐 适量

调味汁：
淡酱油 1 大匙
白砂糖 1 小匙
麻油 1/2 小匙
白胡椒粉 适量
清水 3 大匙

做法：

1　洗净草虾及白虾，去壳挑肠，用厨房纸巾擦干，切丁，剁成虾浆。虾肉愈剁愈有弹性，成浆后会黏附在刀上。盛入碗中，加入腌料，顺时针方向搅拌均匀，放进冰箱。

2　煮一锅热水，放入豇豆氽烫 1 分钟，再放入冰水冷却 1~2 分钟，捞起沥干。豇豆打结，将一端穿入结中，重复至盘成环状，约 3 根手指头宽。

3　另煮热水，从冰箱中取出虾浆，用汤匙舀起，双手沾水塑成虾丸，放入滚水中浮起即是烫熟，捞起。

4　平底锅放少许油，煎香豇豆环，倒入米酒，翻面，盛起。平底锅不用清洗，放入虾丸，滚动煎香，排在豇豆环上。

5　洗净平底锅，煮沸调味汁，浇在豇豆环上，撒少许白芝麻，即可享用。

如何打豇豆结

豇豆的挑选与种类：

1　豇豆要选豆荚光滑翠绿、颗粒饱实、豆身柔软有弹性的。若豆荚转黄，豆荚、豆仁分离，拿起来很轻，就不够新鲜。用牛皮纸包好冷藏，保持干燥，防止水分蒸发，尽快食用。

2　市场上出售不同品种的豇豆，浅绿色的为白豇豆，豆荚较粗，质感软。绿豇豆为深绿色，较硬且细，还有紫褐色斑纹的花菜豆，口感与料理方式基本相同。

酪梨莎莎酱／起司脆片

酪梨也叫牛油果，在原产地美洲，人们称它为"森林的奶油"。很多人以为酪梨高脂肪高热量，其实酪梨比奶油健康也更有营养，酪梨的脂肪是好脂肪，能抗氧化、降胆固醇以及保护心血管。另外酪梨富含钾、叶酸、植物固醇及维生素 C。利用研钵的器具磨成墨西哥风的莎莎酱，拌烤鸡烤鱼，超级好用。蘸起司脆片，是非常清爽的夏日小吃。

材料:

酪梨莎莎酱材料:
酪梨 1 个（约 90g）
番茄 120g　蒜泥 1 小匙　青柠檬汁 3 小匙
海盐 适量　黑胡椒粉 适量

起司脆片材料（分量：直径 6 cm×11 片）:
Parmesan 起司 30g　黑胡椒粉 适量

酪梨莎莎酱・做法:

1　蒜头拍扁去皮，磨泥。番茄去皮去籽，切丁。
2　酪梨切半，取出核，用汤匙刮出果肉，用叉压泥。混合番茄丁、蒜泥、海盐、青柠檬汁及黑胡椒粉。盖上保鲜膜冷藏 20 分钟，尽快食用。

起司脆片・做法:

1　烤箱预热至 170℃，烤盘上铺不沾布。
2　起司刨粗丝，用汤匙舀起，铺在烤盘上。每块脆片约 1 汤匙，均匀分布，起司之间留空间，撒少许黑胡椒粉。
3　送入烤箱烘烤 4~5 分钟，降温至 160℃，起司熔化冒泡变为金黄色，取出，用刮刀移至网架或放在面棍上做成波浪形，待凉即成香脆薄片。没有烤箱，可放在不沾锅里，中火加热，起司熔化即可盛起。

酪梨莎莎酱小秘诀:
酪梨如不立即吃，可选能稍微按得下的硬度，存放冰箱等待成熟。酪梨太软可能果肉已腐烂。

起司脆片的保存:
起司铺得太厚则不脆，烤好的脆片可用烘焙纸层层分隔，存放在密封容器内，室温保存 2~3 天。

咸柠檬冬瓜鸭汤

当令的冬瓜和滋阴的老鸭，是解暑去热的不二之选。中医认为鸭肉补阴虚，不温不燥，最适合夏季食用。鸭肉富含优质蛋白质、磷、铁，营养价值可媲美牛肉和羊肉，适合女性及缺铁性贫血者。冬瓜90%以上是水，低钠，能促进体内淀粉和糖转化为热量，是美容瘦身的理想食材。加上薏仁水去湿，眉豆健脾止渴，咸柠檬除鸭腥味，有了这道潮州靓汤，再闷的胃口也会被唤醒。

材料（4~5 人份）：

冰鲜鸭 1 只
咸柠檬 1 个
冬瓜 400g
眉豆 38g
薏仁（生薏米）16g
陈皮 2~3 片
薄切生姜 2 片
清水 3200ml

做法：

1 陈皮、眉豆、薏仁用沸水泡约 20 分钟，倒掉泡过的水。陈皮泡软后，用汤匙刮掉白瓤。冬瓜去皮去核，切厚块。

2 冰鲜鸭去皮，鸭皮含大量脂肪，不能省掉去皮的步骤，否则油脂会溶化在汤里。想节省时间，可请摊贩代劳。

3 切下鸭头，丢弃鸭尾。切下鸭腿、鸭翼，用手确认骨头的位置，拧断关节，分离鸭腿与鸭翅。在鸭腹划一刀，撕开鸭皮，不好剥皮的部位可用刀帮忙脱皮。

4 把去皮鸭肉和冷水放入锅里煮沸，捞起浮沫和杂质。再煮一段时间，鸭骨露出表示完全熟透，倒掉煮过的水，用流水冲洗。

5 煮沸 3200ml 清水，加入鸭肉、冬瓜、陈皮、眉豆、薏仁，小火熬煮 1 小时。

6 把咸柠檬表面的盐花冲掉，切半，挑出柠檬核，放入汤中，再熬 30 分钟。最后 10 分钟放姜片，捞起鸭肉，不用加盐，即可享用。

冬瓜与咸柠檬的挑选：

1 优质冬瓜沉实饱满，果肉白而水润，籽小，有些品种表面有白色粉末。完整的冬瓜可在常温下保存数月不变坏，切开后要用保鲜膜包好切口，放进冰箱最多冷藏 1~2 天。

2 咸柠檬要选入口没有苦涩味的，个别咸度可能有差异，煮汤前最好试吃，再决定使用的分量。最后半小时入汤，可避免汤水过咸或过酸。咸柠檬是酸味食品，久煮容易与金属锅具产生化学反应，所以熬此汤品最好使用玻璃锅或砂锅。

苦瓜辣豆瓣酱炒牛肉

大暑，众瓜标榜香甜，苦瓜以苦独行。苦瓜的苦味来自奎宁，能刺激胃液分泌，有助消化和增进食欲，丰富的维生素 C 可让皮肤更细腻光滑，苦瓜汁是天然的护肤品。随着品种的改良，今日的苦瓜早就没有那么苦了，配合烹调技巧，把苦瓜籽和膜去干净，切薄片加糖、盐腌拌，再汆烫一下，加入片糖和辣豆瓣酱炒香，苦瓜也可以变成美味佳肴。

材料（2~3人份）：

苦瓜 2 个
牛肉 300g
蒜头 1 颗
薄切生姜 2 ~ 3 片
辣豆瓣酱 2 小匙
米酒 1 小匙
片糖 1/8 块
白砂糖 1/4 小匙
海盐 适量

牛肉腌料：

淡酱油 1 大匙
鱼露 1 大匙
白砂糖 1 小匙
粟粉 1/2 小匙
黑胡椒粉 适量

芡汁：

淡酱油 1 小匙
麻油 1 小匙
粟粉 1 小匙
清水 1 小匙

做法：

1 牛肉切薄片，加入腌料拌匀。

2 去除苦瓜籽和薄膜，切薄片，愈薄愈不会苦。放 1/4 小匙砂糖和少许海盐拌匀，腌 10 分钟。

3 混合芡汁，拌匀备用。

4 煮一锅滚水，放入苦瓜氽烫 2 分钟，捞起，沥干。

5 以少许油烧热油锅，油锅开始冒白烟时，放入牛肉片，倒入米酒，迅速把牛肉扒开，待牛肉变色才翻另一面，炒六七分熟，迅速盛起。

6 蒜头拍扁切末，弄碎片糖。爆香姜片、蒜末和辣豆瓣酱，放入苦瓜及片糖。如太干可加 1 大匙水，苦瓜炒软后，牛肉回锅翻炒几下，浇上芡汁，翻拌均匀，盛盘。

炒苦瓜小秘诀：

1 苦瓜以有重量感，颗粒大、饱满为佳，不要挑选外皮变黄或红的。苦瓜在常温下只能保存 1 天，用白报纸包好放进冰箱，可延长约 3 天。

2 苦瓜和牛肉的煮熟时间不同，分开处理较容易掌握熟度。

3 油锅冒出白烟，表示有足够的热度，粤语称"镬气"，有"镬气"的小炒才脆嫩爽口。

4 片糖能中和苦瓜的苦味，可用原蔗糖或黑糖代替。

毛豆青酱蛋沙拉

毛豆被称为田里的肉类，富含蛋白质、脂质、维生素、矿物质及食物纤维。夏末当令，将毛豆压成豆泥做冷盘，加入罗勒青酱提香，用挤花嘴挤出富曲线美的优雅形状铺在溏心蛋上，赏心悦目。吃不完可放进冰箱，方便随意。

材料：

罗勒酱材料：

鲜采罗勒叶 40g

松子 30g（可用花生、核桃或其他坚果代替）

Parmesan 起司 20g　独子蒜头 1 颗　初榨橄榄油 80ml

海盐 3g　黑胡椒粉 适量

毛豆青酱蛋沙拉材料：

去壳毛豆 120g　鸡蛋 5~6 颗

罗勒青酱 1 大匙　脱脂牛奶 1 大匙

初榨橄榄油 1 大匙

罗勒青酱·做法：

1　Parmesan 起司刨碎。罗勒叶子摘下泡冰水，使口感清脆。松子炒香，蒜头切成小块。

2　把蒜头、松子、罗勒叶、Parmesan 起司和橄榄油放入手提搅碎机，搅碎所有材料，用冰水冷却整个容器，最后放入海盐和黑胡椒粉调味。切勿搅拌过度，热度会使酱汁变黑，罗勒不够新鲜也会变黑，青酱放置冰箱可保存 1~2 周。

毛豆青酱蛋沙拉·做法：

1　将室温鸡蛋放入沸水中，调至大火，煮 3~4 分钟，关火，盖上锅盖再焖 1~2 分钟。最理想的溏心蛋是蛋白刚熟，蛋黄仍然黏稠，煮鸡蛋的时间视炉具和锅子大小调整。

2　用冷水浸泡鸡蛋至蛋壳变凉，较容易剥壳、切开。用刀将蛋的底部削平，让蛋可以平稳放在盘上。

3　毛豆洗净，放入沸水中煮 10 分钟，用冷水冲洗毛豆，取出豆粒。

4　豆粒加入青酱，用手提搅碎机搅拌成豆泥，加入牛奶和橄榄油搅拌均匀。若要豆泥幼滑一点，可酌量增加牛奶和橄榄油。

5　挤花袋套入星形花嘴，放入豆泥，挤在溏心蛋上，即可享用。

毛豆的挑选与保存：

1　挑选毛豆，以豆子轮廓分明、荚形阔大、饱满度均一、青翠不黄萎为佳。布满绒毛，用手触碰，如有轻微刺痛感，就是新鲜的。清洗毛豆时，毛豆若有虫咬痕迹，要挑出来。

2　毛豆采收后，其纯糖含量会随着时间变化而降低，买回来最好当天处理，剥取豆粒，煮熟后在冷冻库可存放约 1 年。

夏季套餐（4~5人份）

凉拌手撕茄子
佛手瓜无花果瘦肉汤
荷叶海鲜蒸蛋

夏天是瓜类的嘉年华，每一种都适合消暑降火，补充身体水分。适逢瓜类当令，就让我们设计一套瓜类菜单吧！茄子热量低，氽烫后既可保留鲜艳的紫色，又能保存营养，以自制芝麻酱和九层塔做蘸酱，味道清凉舒畅。以夏荷、海虾、贝类蒸水蛋，滑蛋飘逸着荷叶的幽香，别具雅意。再来一道量身定做的佛手瓜季节汤水，适合天阴、下雨、闷热的天气。

食材特写

茄子

茄子又称为"矮瓜",原产东南亚,喜好湿热的气候,气温愈高,味道愈佳。茄子皮营养丰富,富有维生素 E、维生素 P 及单宁,能增强血管弹性、可防治微血管脆裂及脑溢血。低热量又不会增加胆固醇,是理想的减肥蔬菜。白色的瓜肉接触空气会氧化变黑,切开后最好用流水冲洗,再浸泡20分钟。

购买时宜选蒂头下肩隆起,结实饱满,外皮深紫色,有光泽和弹性的。花萼呈三角形,完全覆盖果柄,如花萼不在正中,茄子肉质可能不均匀。多包几层牛皮纸,避免接触空气,可置室温下保存 2 ~ 3 天。茄子是寒性食材,别一次吃太多啊。

佛手瓜

佛手瓜形如两掌合十,又称"合掌瓜"。佛手瓜属温性食材,在瓜类中较为少见。低热量、低钠,锌含量高,有助提升儿童智力。其蛋白质、钙、维生素和矿物质含量也比其他瓜类优胜。宜选果皮有光泽、纵沟较浅的佛手瓜,用牛皮纸包好,放进冰箱蔬果室可贮存 1 周。

荷叶

荷叶是莲花的叶子,又称"莲叶"。其清新的荷香让人心旷神怡,夏秋二季采收后,去除叶柄,对折成半圆,晒干可以入菜,超市或中药店有售卖。其味清香微苦,有清热解暑、降脂减肥之效。荷叶首选新鲜、叶大、整洁没有斑点的,干荷叶则较易贮存。

套餐食材

凉拌手撕茄子

茄子 1 根
鲜采九层塔 1 株
芝麻酱 1~2 大匙
炒过的白芝麻 适量

调味酱:
淡酱油 3 大匙
味醂 3 大匙
白米醋 3 小匙
米酒 2 大匙
姜汁 1 大匙
麻油 1 小匙
独子蒜头 1 颗

佛手瓜无花果瘦肉汤

佛手瓜 600g（约 3 个）
瘦猪肉 200~300g
干无花果 6~10 颗
连皮鲜花生 70g
（不用盐腌或油炸花生）
新鲜腰果 70g
百合 35g
黑枣 35g
陈皮 1 片
海盐 少许
清水 2500ml

荷叶海鲜蒸蛋

带壳蛤蜊（花甲）300g
海虾 5~6 只
去壳毛豆 30g
干荷叶 1 片
鸡蛋 4 颗（蛋液约 150ml）
海盐 少许
白胡椒粉 适量
清水 300ml

芡汁:
蚝油 1/2 大匙
麻油 1 小匙
粟粉 1 小匙
米酒 1 大匙
清水 5 大匙

凉拌手撕茄子

做法：

1 独子蒜头拍扁去皮切末，姜去皮磨泥榨汁。混合淡酱油、味醂、白米醋、米酒、姜汁、麻油和蒜末，稍煮一会儿，盛起备用。茄子洗净，切成与锅子直径相等的长段，预备一盘冰水。

2 煮一锅热水，水滚快速放入茄子，迅速用蒸网或盘子压住茄子，让茄子潜水约 3 分钟。保持大火，别让茄子浮上来，也不可沉到底部，否则茄子皮会变棕色。

3 关火，尽快捞出茄子，用冰水冷却，茄子皮因热胀冷缩而出现皱纹。取出沥干，撕成细段，逐步加入调味酱、芝麻酱、手撕九层塔叶及炒过的白芝麻，即可享用。水煮的时间应根据茄子粗细调整。

佛手瓜无花果瘦肉汤

做法：

1. 花生、腰果、无花果、陈皮用清水浸泡约 15 分钟，百合、黑枣盛于另一个碗中，用水浸泡 15 分钟。
2. 把瘦猪肉放入冷水中，煮至沸腾，捞起浮沫和杂质，倒掉煮过的水，再将瘦猪肉用流水冲洗一下。花生、腰果、无花果及陈皮烫 5 分钟，捞起。
3. 佛手瓜去皮，切块。煮沸 2500ml 清水，放入花生、腰果、无花果、陈皮、佛手瓜及瘦猪肉，小火熬煮 1 个半小时。
4. 最后 15 分钟加入百合、黑枣及少许海盐，搅拌均匀，试味，关火，上菜。

荷叶海鲜蒸蛋

做法:

1 干荷叶泡水浸一夜,次日用温水微烫 3~5 分钟,捞出洗刷干净,抹干。小心别弄破,把荷叶对叠铺在碗上。

2 洗净蛤蜊及海虾,与300ml 清水一起煮,蛤蜊煮至开口,捞起。保留煮过的海鲜汤汁及数个完整的蛤蜊做装饰,其余蛤蜊取肉弃壳。海虾去壳,切开背部挑出虾肠。

3 蛋液放入到放凉的海鲜汤汁中,拌匀,放少许海盐和白胡椒粉,用网勺过滤,注入荷叶碗中,加入蛤蜊肉。上锅隔水中火蒸 8 分钟,期间打开锅盖 2 次。

4 混合芡汁,煮沸。把虾仁、带壳蛤蜊、毛豆铺在蒸蛋表面,盖好,再蒸 2 分钟。 浇上芡汁即可。如用冷冻毛豆,需事前退冰,用热水烫一下。

夏季套餐（3~4人份）

越式鸡丝沙拉
香茅粉丝酿鱿鱼

天气闷热，正是清爽越南菜登场的时候。越式鸡丝沙拉，又叫"牙车快"，是一道越式凉拌开胃菜，越南语"牙"是鸡的意思，"车快"解做沙拉。鸡蒸熟剥丝，小黄瓜削成如缎带的薄片，佐鲜采薄荷、九层塔，浇上越南菜的灵魂——鱼露蘸汁，非常开胃。只有开胃菜当然不满足，把香茅、马蹄、干冬菇切末，混合梅花肉酿进鱿鱼筒里，蒸熟后煎香，蘸番茄鱼露汁，很好下饭。

食材特写

小黄瓜

小黄瓜水分高达90%，嫩籽富有维生素及水溶性纤维，热量低，有饱足感，可消水肿，利尿，调节胆固醇，预防肥胖。价格亲民，生吃特别有滋味，是夏天的不败食材。体质虚寒者最好煮熟后再食用。

宜选粗细一致，形状硬直，折断后有白色汁液渗出的新鲜小黄瓜。小黄瓜的农药残留率稍高，烹调前最好放在流水下，用软毛刷轻刷。小黄瓜在常温下受风吹，会很快干萎，可用白报纸包好放进冰箱，避免被冷气直吹。冻伤会降低脆度，尽快食用。

鱿鱼

鱿鱼富含蛋白质、不饱和脂肪酸、维生素E，低脂肪、低热量。经常食用可保护视力，有益脑部发育，强化肝脏，预防老年痴呆症。鱿鱼属高嘌呤食材，胆固醇含量亦高，尿酸和高血脂的朋友要节制。鱿鱼必须煮熟煮透，否则会消化不良。

新鲜鱿鱼眼睛明亮突出，鱼头与身体紧密相接，不易扯断，鱼身上的膜紧实，弹性有光泽，有明显的紫褐色斑点。买回来后去除内脏、软骨及膜，洗净用夹链袋包好放进冷冻库保存。

套餐食材

香茅粉丝酿鱿鱼

小型鱿鱼 7 尾
梅花猪绞肉 200g
马蹄（荸荠）100g
干冬菇 3 颗
粉丝（冬粉）20g

梅花猪绞肉腌料：
香茅 2 大匙
白砂糖 1/2 小匙
淡酱油 1 小匙
鱼露 1 小匙
粟粉 1 小匙
白胡椒粉 适量

番茄蘸汁：
番茄 2 个
越式鱼露蘸汁 2 大匙

越式鸡丝沙拉

农家土鸡 1 只
小黄瓜 1 根
鲜采九层塔 1 大束
鲜采薄荷 1 大束
海盐 1 小匙

越式鱼露蘸汁：
鱼露 100ml
热水 300ml
白砂糖 100ml
独子蒜头 半颗
泰国青柠 2 个

越式鸡丝沙拉

如何处理鱿鱼

做法:

1 用海盐均匀涂抹土鸡各部位,腌 30~45 分钟。

2 青柠榨汁,蒜头切末。混合热水和白砂糖,搅拌至白砂糖溶化,放凉,加入鱼露、青柠汁
  及蒜末,做越式鱼露蘸汁。

3 用清水洗掉土鸡上的海盐,隔水蒸 15~20 分钟,放凉。

4 九层塔、薄荷摘叶洗净,沥干。小黄瓜用开水洗净,去皮,用削皮刀削成如缎带的薄片。

5 土鸡放凉后剥丝,从鸡腿开始比较容易剥。把鸡丝、小黄瓜、九层塔叶拌匀,浇上鱼露蘸
  汁,盛盘。

鸡汤的保存:

蒸鸡剩下的鸡汤可用小塑胶盒盛好,放进冷冻库保存,作为其他菜肴的汤头使用。

香茅粉丝酿鱿鱼

做法：

1 新鲜梅花猪绞肉放进冷冻库 30 分钟，把梅花猪绞肉急冻至半硬状态，以保持肉质弹性。香茅切末，连同梅花猪肉用手提搅碎机搅碎。加入淡酱油、白砂糖、鱼露、白胡椒粉、粟粉，拌匀，放进冰箱。

2 干冬菇用温水浸泡 20 分钟，泡软后榨干水分，去蒂，切丝。把马蹄放入小锅中，注入清水煮沸 10 分钟，放凉，削皮，切丁。粉丝剪短。

3 鱿鱼洗净，从鱼筒内抽出鱿鱼须，取出鱿鱼筒内侧的胶状软骨及内脏。将鱿鱼须的墨囊除去，勿弄穿墨囊。翻开鱼须，挖出鱼嘴，在鱿鱼眼底的位置用刀切开，取出鱼眼。在鱿鱼筒上轻划一刀，撕开鱿鱼皮，检查鱿鱼筒内有没有未消化的脏物，清洗干净。

4 从冰箱里取出猪绞肉，加入冬菇、马蹄及粉丝。粉丝干硬，拌入猪绞肉后会吸收肉的水分，渐渐变软，拌匀。

5 用筷子将猪绞肉推进鱿鱼筒的最内部，8 分钟即可，轻压挤出空气，否则蒸熟时容易爆裂，用竹签穿过筒口。

6 在番茄皮上用刀划十字，放入热水中，小火加热，番茄皮开始脱离，倒去热水，泡冷水冷却，撕去番茄皮。用叉子捣烂番茄，中火加热 5 ~ 8 分钟，把番茄汁煮成浓稠的番茄酱，加入鱼露蘸汁，做成番茄蘸汁。

7 鱿鱼上锅隔水小火蒸 20 分钟。

8 鱿鱼蒸熟后会膨胀起来，用平底锅中火煎至微焦，切片佐番茄蘸汁，盛盘。

如何挑选鱼露：

市售鱼露须以糖和青柠汁调配味道才可口，鱼露品质直接影响味道，调味时最好先确定鱼露的咸度。泰国鱼露较咸，建议选购越南出产有标示度数的鱼露，度数越高味道越醇。鱼露蘸汁不妨多做一点，用消毒过的玻璃瓶装好，放进冰箱可存放约 1 周。

花香酸梅汤

酸梅汤可抑制导致疲劳的乳酸，使人迅速恢复体力，还具有抗菌、防腹泻及安眠之效。肥丁的配方加了养颜的玫瑰和桂花，未入口已闻花香。市售的碳酸饮料含塑化剂和添加剂，有什么比金钱买不到的家庭饮品更健康？

材料（5~6 人份）：

乌梅 78g   山楂干 38g
甘草 3 片   陈皮 3 片
麦芽糖 3 大匙   冰糖 100g
清水 3000ml

花（可选择性加入）

干玫瑰花 20 朵
糖桂花 2 大匙（可用干桂花代替）

酸梅汤小秘诀：

1 金属锅与酸性食材容易产生化学反应，宜用玻璃容器或砂锅熬煮。
2 酸梅汤最好放进冰箱贮存，室温超过 30℃，酸梅汤容易变质。如在静置的状态下汤面浮起细沫表示已经变坏不能喝了。

做法：

1 洗净乌梅、山楂干、甘草，清水浸泡 30 分钟。陈皮用沸水浸泡 30 分钟，用汤勺刮走白瓤，倒掉泡过的水。
2 煮沸 3000ml 清水，加入乌梅、山楂干、甘草及陈皮，煮沸后改为小火熬 40 分钟。放入糖桂花、麦芽糖及冰糖，用木勺搅拌一下。
3 在布袋或茶袋里放入玫瑰花。冰糖完全溶解，调至大火，煮沸，关火，放入花茶袋，加盖焖 10 分钟，待玫瑰花香释出，取走花茶袋。刚煮好的酸梅汤有少许涩味，把汤汁和汤渣一起放进冰箱冷藏一夜，次日再次煮沸，用网勺过滤，味道更香醇。

自酿樱桃酒

盛夏樱桃结实累累，果形娇美，更不用提那清脆的口感，甜中带微酸的醉人味道。白居易的诗句"樱桃樊素口，杨柳小蛮腰"，创造了词语"樱桃小嘴"，可见樱桃跟女生真的很有缘分。中国古籍亦有记载：樱桃能"滋润皮肤""令人好颜色，美态"。樱桃的铁含量是水果之冠，可预防缺铁性贫血。樱桃所含的天然酵母菌，和葡萄一样可以自然发酵酿酒，不使用任何酒料，酿出来的酒甘甜醇厚，持久弥香。

材料（分量：500ml 樱桃酒）：

新鲜樱桃 250g
Muscovado 原蔗糖 50g
白酒 10ml（消毒用，酒精浓度 35% 或以上）

做法：

1　酿酒玻璃瓶消毒。
2　丢弃腐坏或虫蛀的樱桃，洗净去梗，用流水冲洗 10 分钟，用厨房纸巾擦干，放置阴凉处风干。
3　樱桃表面完全干透，把白酒装进喷雾器中，均匀喷洒在樱桃表面，玻璃瓶内也喷少许酒精，待酒精挥发后，一层樱桃一层原蔗糖装进玻璃瓶内。
4　盖子不用完全封紧，稍留空隙，放在阳光直射不到的阴暗处，在 28~29℃的室温放置约 30 天，自然发酵成酒。
5　1 个月后，打开瓶盖，倒酒前不要摇晃瓶子，以免沉底的天然色素及单宁与酒液混合。用网勺过滤酒液，倒入玻璃锅加热，不用煮沸。捞走表面的浮沫和杂质，关火，冷却，装瓶，密封保存，存放时间愈长，风味愈佳。

Muscovado 是什么？
配方选用的焦糖风味较浓的 Muscovado，是原蔗糖的一种，深褐色，幼粒湿润，耐温耐存放，和樱桃味道十分相配。如找不到，可用二砂糖代替。

秋高气爽，酷暑不再，凉风吹起的刹那，我们裹着衣衫，吃什么都有滋有味。不是秋天的美食特别丰富，而是季节的变更，让食欲大开，再加上爽朗的天气容易入睡，流汗减少，吃好睡好，脂肪容易堆积。

食欲之秋，容易发胖，怎么办？

控制体重除了注意「吃什么」，「怎样吃」也很重要。日间需要消耗的能量较多，晚餐后便是作息睡眠，所以晚餐的分量应该是一天当中最少的。晚餐可减少摄取淀粉质，不吃白饭，以汤、菜肴、水果为主，菜肴准备两种或以上的当令蔬菜，减少吃肉类。睡前4小时不进食。

改变用餐的顺序，先喝汤和吃水果，降低空腹感，然后才吃肉类和蔬菜，可以有效减少食量。另外，家庭菜一般都是一大盘上桌，很容易不自觉地吃多了。不妨参考日本料理的用餐方式，用小的碗盘将菜肴分配成每人一份的量，吃完了不追加。正餐吃七分饱，两餐之间会出现轻微的饥饿感，是正常现象。适时吃一些饱腹感强、低热量的零食，如花生酱涂面包、糖烤板栗、小南瓜蒸饼，可防止饥饿过度引发胃部不适，补充营养又能调节血糖，促进新陈代谢。

秋季天气干燥，不得不提「喝水」，喝水对减重有帮助，很多人都知道。可是白开水味道太淡，大家误以为液态饮料可以代替白开水。无论市售饮品、自己冲调的饮料都有一定的糖分，甚至喝一杯鲜榨果汁，其热量也是不容忽视的，一杯果汁由多个水果榨汁而成，等于摄取多个水果的果糖量。所以无论多么健康的饮品，都不能代替白开水哦。

【立秋】

南方风雨季渐去
湿热转为燥热
求学时期虽已过去
随着暑假的到来
总有一份懒洋洋的盼望
盼望雨后的清凉
难得盛夏好时光
尽情享受吧

【食材历】

莲子　莲藕　秋葵
葡萄　甜瓜
哈密瓜

【处暑】

暑气至此而止

话虽如此

只要还有个「暑」字

日间气温还是很高

距秋高气爽还有一段日子

别小瞧秋老虎的余威哦

【食材历】

菱角　花生　百合

鲤鱼　桂圆

桂花糖藕

莲花出淤泥而不染,深得文人喜爱,也是饮食界的宠儿。荷叶、莲子采尽后,就是营养丰富的灵根"莲藕"了。莲藕含 B 族维生素、维生素 C、钾、铁、食物纤维,能健脾养胃,清热除烦,促进肠胃蠕动和降血压。秋季天气干燥,滋润去燥的莲藕是最合适的当令食材。肥丁在杭州灵隐寺附近一家不起眼的饭店品尝过美味的桂花糖藕,于是试着把不同风味的糖与莲藕一同熬煮,糯米入口即化,藕丝连绵,甜味富层次感,桂花散发出淡雅的芬芳,闻得到也尝得到。这道美点充满江南风情,是秋天的甜美记忆。

材料（6~8 人份）：

莲藕 2 节　糯米 100g　干桂花 10g　冰糖 60g　Demerara 原蔗糖 60g
糖桂花 2 大匙（可用麦芽糖或蜂蜜代替）　粟粉 1 小匙　海盐 少许
清水 2500ml

糖桂花材料：
干桂花 10g　麦芽糖 6 大匙（约 90g）
海盐 1/4 小匙

糖桂花 · 做法：

1　在清水中加入海盐，干桂花用盐水过滤清洗，去掉灰尘，榨干水分。
2　干桂花放入碗中，加入麦芽糖。麦芽糖加入时是半固体的，不用拌匀，加
　　热后自然会溶解成流质。
3　隔水蒸 10 分钟；取出，放入已消毒的玻璃瓶中。
4　放凉后，如喜欢加入蜂蜜，可于此时加入，拌匀。放进冰箱冷藏 2~3 天便
　　可使用。

桂花糖藕 · 做法：

1　糯米洗净，用清水浸泡 30 ~ 60 分钟，沥干水分。
2　莲藕洗净，用刀刮去外皮，切断藕节，在离藕节约 2cm 的地方切开，切
　　下来的部分作为藕帽备用。
3　逐一将糯米塞进藕孔中，先在切面铺一层，用手掌抹一下，再用筷子插入
　　将米压紧填满。把藕帽盖在原来的位置，用 4~5 支牙签固定，尽量不留空
　　隙，糯米煮熟后会膨胀，藕帽若不稳固，糯米容易外漏。
4　将藕节放入锅中，注入约 2500ml 清水，放入冰糖、原蔗糖、干桂花、糖
　　桂花及少许海盐，盖上锅盖，微火熬煮 2 小时。如用压力锅 30 分钟即可。
5　剩下约 1/3 浓稠糖浆，可让里面的糯米吸饱甜味。取出切片，浇上糖浆即
　　可享用。将藕片浸在糖浆中，放入冰箱冷藏 1 天，风味更佳。最多可冷藏
　　保存 2~3 天。
6　糖浆不够黏稠，可将原来的糖浆倒进小锅中，将 1 大匙清水和 1 小匙粟粉
　　混合，加入糖浆中，煮至浓稠即可。

秋葵味噌汤

秋葵又称羊角豆、黄葵、毛茄，尾端纤细似女生的玉指，英国人叫它"美人指"。秋葵的钙、镁、钾含量比牛奶高，适合素食者、发育中的孩子，或是喝牛奶会拉肚子的人。嫩荚中的黏液含有水溶性纤维，可以帮助消化。只要烹调时间控制得宜，黏液就不会跑出来了。将秋葵切成可爱的星形，放入姜片祛寒，5分钟即成一道清新的秋季汤料理。

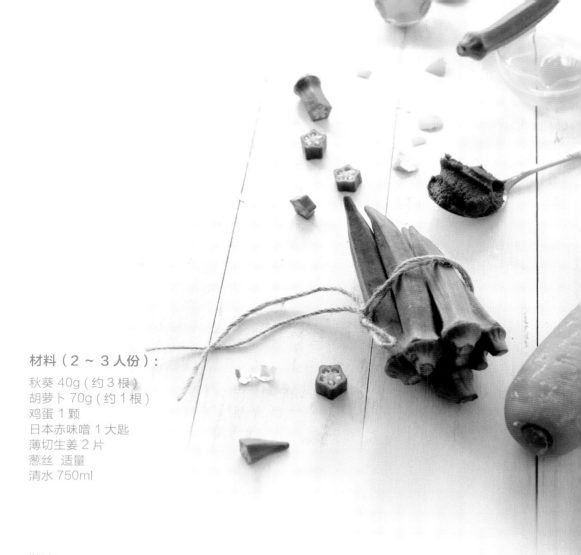

材料（2 ~ 3 人份）：

秋葵 40g（约 3 根）
胡萝卜 70g（约 1 根）
鸡蛋 1 颗
日本赤味噌 1 大匙
薄切生姜 2 片
葱丝 适量
清水 750ml

做法：

1　秋葵洗净、切丁。胡萝卜去皮、切丁。鸡蛋打成蛋液。
2　锅中放入清水煮沸，加入姜片及胡萝卜丁煮 5~8 分钟，将胡萝卜煮软。
3　将赤味噌放在网勺上，浸入沸水中，慢慢用汤匙轻拨，使味噌溶于水中而不结块。
4　放入秋葵，煮沸后慢慢注入蛋液，搅拌成蛋花。秋葵不可煮太久，颜色仍然青绿时须立
　　即关火。过熟会变成棕色，变得软趴趴、有黏液跑出来不好吃。上菜前放入葱丝即可。

秋葵的挑选与保存：

1　秋葵宜选蒂头新鲜，颜色深绿，细毛均匀密布，形状整齐，无杂质斑点的。秋葵愈小愈
　　鲜嫩，果长最好不超过 10cm，太长或太大有苦味。用塑料袋包好，存放在冰箱蔬果室里，
　　可放置 3 ~ 5 天。
2　秋葵属于寒性食材，脾胃虚寒、容易腹泻或排软便的人不要多吃。

自制花生酱

市售的花生多以盐腌或油炸制作，令人误认为花生高热量，食用易发胖，其实花生是健康食材，营养价值媲美鸡蛋、牛奶和肉类，没有胆固醇，含不饱和脂肪酸，低钠，可降血脂，预防心血管疾病及糖尿病。中医认为花生养胃醒脾，滑肠润燥，非常适合秋天食用。忠于原味，新鲜水煮是最健康的，可是剥花生不太符合现代生活节奏，制成花生酱，粗细、甜度、口感随你变化，存放时间较长，涂面包、松饼或拌担担面超赞的哦。

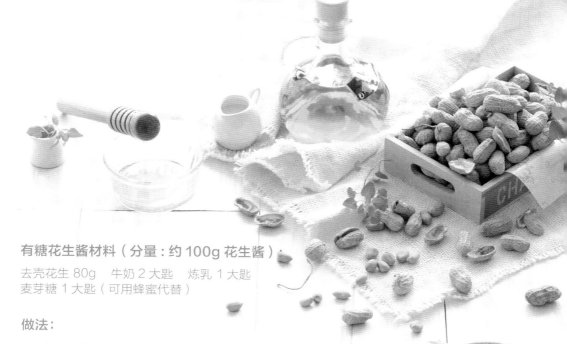

有糖花生酱材料（分量：约 100g 花生酱）：

去壳花生 80g　牛奶 2 大匙　炼乳 1 大匙
麦芽糖 1 大匙（可用蜂蜜代替）

做法：

1　牛奶、炼乳、麦芽糖放入碗中，隔水加热溶化麦芽糖，拌匀备用。
2　花生去壳，不用放油，连外皮以中火炒香，小心调节火力，别炒太焦。关火后用毛巾包裹花生，双手摩擦去除外皮。取 50g 花生用搅拌机打成细末，其余 30g 捣碎，或放入夹链袋用硬物拍碎。用手弄碎可调节花生的粗细度，丰富口感。
3　将所有材料混合，放入已消毒的玻璃瓶中即可。加入炼乳有助乳化，可酌量增减。

无糖花生酱材料（分量：约 100g 花生酱）：

去壳花生 80g　初榨橄榄油 2 小匙

做法：

花生去壳，锅中不放油，连外皮以中火炒香，别炒太焦，用毛巾包裹花生，用双手摩擦去除外皮。放入搅拌机中打磨成粉末，加入橄榄油，拌匀，入瓶即可。

花生的挑选与保存：
发霉变黑的花生会产生黄曲霉素，食用容易引起肝脏病变，一定要严选新鲜的。以外壳土黄，色泽均匀，表面干燥没有长芽为佳。剥开看，颗粒饱满，大小均匀，没有霉味就是新鲜的。花生不耐存放，容易氧化变坏，要尽早食用。

花生酱的变化：
1　花生酱的油分愈多愈幼滑，若不想加太多油，用搅拌机打碎成粉状后，再打磨一会儿，将花生油逼出来。喜欢吃花生粒的，可依照有糖花生酱的做法，将部分花生拍碎，即成粗粒花生酱。
2　花生酱放入冰箱可存放约 3 周，一次别做太多，以免变坏。

【白露】

秋风起兮白露飞，草木摇落兮雁南归

充满伤感的节气，冷暖交替

昼夜温差渐大

最好三五知己聚首一堂

抒发胸臆解秋愁

【食材历】

甜椒　橄榄　山楂

石榴　红枣、蜜枣、

无花果　芦荟

【秋分】

白昼渐短
黑夜渐长
洋溢着丰收气息的节气
凉风送爽
桂花飘香
明月如镜
还有多不胜数的中秋美食

【食材历】

芥菜　雪耳　桂花
柚子　梨　蟹

藜麦甜椒杯

外形及味道迥异的甜椒和辣椒，其实是同一品种！甜椒少了带辣的 DNA（脱氧核糖核酸），所以没有辛辣味，但同样含有刺激唾液和胃液分泌的辣椒素，能增进食欲，帮助消化。富含抗氧化物质、维生素 A、维生素 C、维生素 K、胡萝卜素和铁，能促进毛发生长，强化指甲，预防心脏病和癌症。气温 20 ~ 25℃的环境最适合甜椒生长，所以秋季的甜椒长得特别饱满，美好的果形可以当作盛器，放入营养丰富的藜麦，为秋日餐桌添上缤纷色彩。

材料（4 人份）：

三色甜椒 4 个　藜麦 100g　红洋葱 100g（约半个）　胡萝卜 60g　红腰豆 60g
玉米粒 60g　独子蒜头 半颗

酱汁：

蔬菜高汤 250ml　意大利黑醋 1/2 小匙　蚝油 1 小匙　Demerara 原蔗糖 1 小匙
孜然粉 1 又 1/2 小匙　海盐少许　油 2 小匙　鲜采紫苏叶 15 片（可选择性加入）

做法：

1　藜麦用清水浸泡 15 分钟后倒掉水，重复 2~3 次，再泡水 30~60 分钟至藜麦
　　冒出小芽，将泡过的水倒掉。用清水把红腰豆浸透，以沸水高温彻底煮熟，
　　沥干，备用。
2　甜椒洗净，沿着蒂头稍下的地方下刀切开，刀锋碰到硬的蒂心，拔出，蒂头
　　便能连同甜椒籽一起拿出来，刮掉甜椒籽，保留蒂头做装饰，甜椒杯做容器。
3　胡萝卜去皮切丁，红洋葱切丁，玉米刨粒，紫苏叶洗净，蒜头拍扁，去皮切末。
4　平底锅放油，下洋葱炒香，放入胡萝卜丁、红腰豆、玉米粒及蒜末炒一会儿。
5　加入孜然粉及少许海盐，拌匀后加入藜麦、蔬菜高汤、意大利黑醋、蚝油及
　　原蔗糖，盖上锅盖焖煮 15~20 分钟，直至藜麦变透明，便是完全熟透。
6　预热烤箱至 180℃，在烤盘上铺上铝箔纸，在铝箔纸和甜椒杯上涂抹少许油。
　　将煮好的藜麦填入甜椒内，盖上蒂头帽子，送进烤箱烘烤 20 分钟，出炉后
　　撒上撕碎的紫苏叶，即可享用。

简易不流泪切洋葱丁的方法：

将洋葱纵向对切，用清水冲洗，洗过的外皮很容易剥开，也能减少刺激成分。
用手抓着根部，先由上至下切成条状，但别把连着根部的地方切断，再用水冲
洗一下，然后逆着洋葱的直纹横切，最后在根部再补几刀，洋葱丁就切好了。

石榴糖浆

近年来，科学研究证明石榴可抑制动脉损伤，抵抗都市头号杀手 —— 心脏病，受到媒体大力吹捧。中医认为，石榴有生津化痰、润肺止咳、涩肠止泻与美容养颜之效。石榴籽在秋季成熟，果粒甜酸多汁，甜度高，触摸后手中带有甜甜黏黏的触感。将石榴汁加热，蒸发水分，去除酸涩味，可提炼成像蔗糖一样的浓糖浆。天然、无化学添加物和人工色素，可取代白砂糖添加到饮料中，若加入橙汁调配水果潘趣酒，味道令人称赞！

材料（分量：约 165ml 石榴糖浆）：

石榴 8 个（每个直径约 8cm）

如何剥石榴籽

做法：

1　8 个石榴可取约 4 杯的石榴籽，用手提搅拌棒将石榴籽榨汁，可取得约 500ml 的石榴汁。用滤网过滤并以汤匙轻压，榨出所有石榴汁。

2　预热烤箱至 160℃。另将一小盘放进冰箱冷藏，作为测试糖浆浓稠度之用。

3　将石榴汁倒入烤盘，送入烤箱烤 75~80 分钟，水分蒸发后，石榴汁会慢慢减少，颜色变深。烘烤期间不时观察水分的蒸发程度，以免烤焦。

4　舀少许糖浆滴在冷冻过的小盘上，用手指截开，清晰地看到划痕即可。从烤箱里取出糖浆，放凉后，倒进已消毒的瓶子中，放冰箱冷藏保存可达 2 个月。

石榴的处理保存：

1　石榴未必愈红愈好，得看品种，一般表皮颜色较粉或偏黄的比较甜。新鲜石榴表面有光泽，形状饱满，若呈暗哑色和有大面积的黑斑，不够新鲜。体积相若的石榴，较重的较成熟，水分较多。

2　如果家中没烤箱，可放在锅中以小火熬煮 60~70 分钟。

3　石榴汁容易使金属容器皿氧化变色，最好用玻璃或白色陶瓷器皿装。每种烤箱的温度有差异，需自行调整时间。

雪耳莲子羹

雪耳又名"白木耳"，有"菌中之冠"之称，只有上品的银耳才能称"雪耳"。雪耳的蛋白质含有17种氨基酸以及丰富的胶质，有助于促进新陈代谢，保持皮肤光滑，减少皱纹。中医认为雪耳性平，滋阴润肺，对胃、肾均有裨益。北风起，早上起来感觉喉咙干涩，第一时间想熬一锅滋润雪耳甜羹，放入消除疲劳的淮山、滋阴补肾的莲子以及营养丰富的糯米，丰腴柔润，抗秋燥又不腻滞。

材料（5~6 人份）：

雪耳 20g　新鲜莲子 80g（可用干莲子）　淮山 5g　芡实 15g　珍珠米 60g　糯米 60g
黑糯米 20g　碎冰糖 60g　清水 2500ml

做法：

1　糯米及黑糯米洗净，用清水浸泡 1~2 小时。

2　淮山、芡实、雪耳用热水浸泡 30 分钟，泡过的水倒去，放入锅中加冷水煮沸 10 分钟，
　　捞起，摘去雪耳根部，用手撕成细丝，沥干。

3　莲子放入沸水中煮 15 分钟，将煮过的水倒掉，去芯。

4　锅中注入 2500ml 清水，煮沸，加入珍珠米、糯米和黑糯米，煮沸后调至中火熬 20 分
　　钟，关火。盖上锅盖静置约 30 分钟，糯米吸饱水分胀大，加入淮山、芡实、莲子、雪耳，
　　微火熬煮 30 分钟。

5　最后加入碎冰糖，冰糖完全溶解后，拌匀，即可享用。

雪耳莲子羹小叮咛：

1　优质的雪耳完整肉厚，容易炖煮至软嫩。购买时若闻到刺鼻的化学味或颜色过于洁白，
　　可能含过量农药或漂白用的二氧化硫，不宜食用。雪耳使用前必须多次换水浸泡，再以
　　冷水煮沸余水，才烹调食用。

2　莲子泡水后很难煮得松化，无论新鲜莲子还是干货，熬煮前都不用浸泡。

3　此汤品虽非参茸补品，但大便干燥或感冒发热者不宜食用。

【寒露】

夕阳、稻谷、芒花
饱满成熟的黄金稻浪
庄稼秋收的尾声
一场秋雨一场寒
气温突降，寒意来袭
外出要注意加衣

【食材历】

芋头　地瓜　秋刀鱼
菊花　凉薯　金针花
板栗　柿子　洛神花

【霜降】

树枝挂霜，叶色催红
昼热夜凉易着凉
特别注意脚部保暖
重阳天气晴
登高郊游赏红叶
惬意生活也

【食材历】

南瓜　山药　枸杞子
菌菇　奇异果　葡萄柚

糖烤板栗

栗子热量充足，低脂肪，能强脾胃，壮筋骨，自古便是民间的食补珍品，有"肾之果"之称。肥丁模仿街头炒栗子的做法，用烤箱把栗子的水分烘干，让外壳和紧贴栗子的那一层"膜"更容易剥开，吃起来没有街头炒栗子那般上火，安坐家中，就可以享受淀粉的香甜。

材料（3~4 人份）：

栗子 600g　　Demerara 原蔗糖 1 大匙　　蜂蜜 2 大匙　　油 2 大匙　　清水 1000ml

做法：

1　买回来的栗子放在阴凉处风干 1~2 天。
2　用剪刀在栗子的顶端划十字切口，预热烤箱至 200℃。
3　煮一锅滚水，加入原蔗糖及栗子，大火煮沸约 10 分钟，栗子便会自然爆开。
4　用铝箔纸将烤盘包好，用毛刷在栗子表面均匀抹油，排在烤盘上。
5　送进烤箱烤 10 分钟，取出，用毛刷在栗子开口处刷上蜂蜜，多刷几遍。再烤 5 分钟，即可享用。

栗子的挑选与保存：

1　宜选带壳，底部没有黑边的新鲜栗子，放入水中，浮于水面表示变坏。若已去壳，果肉过度洁白或金黄，可能是经过化学处理。连壳栗子买回来后不用清洗，在干爽通风处可存放数天。
2　吃栗子不能过量，否则肠胃蠕动会受阻，引发肠胃胀气。

芋头糕

芋头淀粉质非常丰富，热量却很低，含有维生素及 10 多种微量元素，常吃可将体内多余的钠排出，稳定血压。入秋正是芋头的盛产季，制成港式点心芋头糕，口感细软香糯。芋头容易糊化，不用刨丝，利用爆炒腊肠溢出的油脂，不用放油，没有太多调味料，品尝芋头原味，吃得健康。

材料（分量：14cm×14cm×5cm 正方形蒸盘1个）：

去皮芋头 800g　腊肠 2 根　干香菇 10 颗　干贝 50g　虾米 50g
粘米粉 160g　澄粉 1 大匙　葱 1 根　冷水 500ml　热水 1000ml

调味料：

海盐 1/4 小匙　白砂糖 1/4 小匙　五香粉 1/4 小匙　黑白胡椒粉 适量

做法：

1　干香菇、干贝、虾米洗净，用 500ml 温水浸泡干香菇和干贝，虾米用另一碗热水浸泡。腊肠切丁。芋头去皮，切成约 1cm×1cm 的小丁。

2　葱洗净，去根，切成葱花。将泡软的干香菇与干贝取出，保留泡过干香菇的清水。干香菇去蒂切丁，干贝撕成细丝。倒掉虾米水，虾米切碎。

3　粘米粉与澄粉拌匀，加入 500ml 冷水搅拌成粉浆。用厨房纸巾吸少许油，均匀涂抹在模具上。

4　将腊肠丁放入锅中，不用加油，中火将腊肠爆香，腊肠溢出油脂后，放入干香菇、干贝丝和虾米，将所有材料炒香，关火，盛盘。

5　油锅不用清洗，放入芋头小火炒 3~5 分钟，让芋头吸收腊肠的香味，当芋头表面稍微变色及闻到芋香时，可将 1/3 芋头盛起，剩下的芋头留在锅中。

6　注入 500ml 泡过干香菇的清水，加入五香粉，海盐，糖及黑、白胡椒粉，拌匀。煮沸，把炒好的腊肠、干香菇、干贝丝、虾米及 1/3 芋头回锅，拌匀，试味。若调味适中，放入粉浆，迅速拌匀，小火炒约 30 秒，水分差不多被芋头吸干时，即可关火。动作要迅速，否则芋头糊化了吃不到纤维质感。

7　将材料倒入模具中，压平，撒上葱花，包上铝箔纸，大火蒸 25~30 分钟，插入竹签测试，竹签取出时黏着的芋头糕呈浅紫色，表示蒸熟。放凉后送进冰箱冷藏，固定形状。食用时取出脱模并切块，用平底锅煎香即可享用。

芋头的处理与保存：

1　新鲜的芋头有泥土包裹，感觉湿稠，切口汁液呈粉质。以圆浑匀称、饱满结实、纹路间隔等距为佳。如有斑点或裂痕，表示里面开始腐烂。芋头不喜寒冷，不宜放入冰箱，保持干燥避免发芽，室温保存即可。

2　芋头含有结晶状草酸钙，处理时皮肤容易红肿发痒。削皮前不要清洗，并保持手部干爽可减少刺激，戴上塑料手套处理最好。切开后略微汆烫，可去除引发皮肤痒的黏液。

洛神花果酱

洛神花的名字真美，令人不禁联想，吃了此花可以像洛神一样轻盈美丽。原来一切都是美丽的误会，洛神花由英文的 Roselle 音译而来，又名"玫瑰茄""洛神葵""山茄"。成熟于夏末秋初。富含花青素、维生素 C、胡萝卜素，可解油腻，调节血脂。洛神花可泡茶，可制成蜜饯或果冻，其花萼果胶丰富，熬制果酱数分钟即够浓稠，凝固点也不用测试，非常简易，何不动手试试？

材料：

去核洛神花 200~250g
碎冰糖 120g
柠檬汁 1 大匙
清水 5 大匙

做法：

1 消毒玻璃容器。
2 洛神花洗净，去核，只留下花萼，切碎花萼。
3 小锅中放入洛神花、碎冰糖及清水，中火加热，捞起浮沫及杂质。熬煮时切记要不断搅拌，以免焦底。
4 数分钟后，花萼变软，冰糖溶解，果酱渐变浓稠，调至小火，加入柠檬汁，用木勺刮一下，能看到锅底，即可入瓶。加盖倒置成真空状态，待凉后放入冰箱保存，保鲜期约 3 个月。

洛神花食用小叮咛：

1 洛神花味道很酸，有助抗病虫害，较少喷洒农药，不必担心农药残留的问题。花萼水分多不耐存放，须存放在室内阴凉干燥处，要尽快使用，若量太多可晒干。
2 洛神花是寒性食物，孕妇、胃酸过多或肾功能较弱者不适合食用。

小南瓜蒸饼

南瓜家族非常庞大，大小形态各异。性温和，食后有饱足感，富含胡萝卜素、叶酸、钴、锌、硒等微量元素，可以提升免疫力，帮助肠胃大扫除，同时具备防癌、美容和减肥功效。每年 10 月 31 日万圣节，正值节气霜降，餐桌上怎能少了当令的南瓜呢？甜腻的美食吃太多了，不妨试试这道无油、少糖、无人工色素的小南瓜蒸饼，外形小巧可爱，不粘牙，香软有弹性，可随意加入喜欢的馅料，微凉后暖暖地吃最美味。

材料（分量:22g×14 个）：

去皮南瓜 150g
糯米粉 70g
澄粉 20g
粘米粉 1 小匙
Demerara 原蔗糖 1 小匙
葡萄干 14 颗
清水 3 大匙
红豆泥 140g

做法：

1 南瓜切厚块，连皮蒸熟，用汤匙刮走瓜瓤及瓜子，瓜皮丢弃。趁热用叉子将瓜肉捣碎成瓜泥。把烘焙纸裁成 10 块 5cmx5cm 的正方形，备用。

2 将糯米粉、澄粉、粘米粉及原蔗糖混合，一半加入温热的瓜泥中，搓揉成面团再放入另一半，将面团搓成三光（碗光、手光、面团光），取一部分捏在手中塑成圆形，面团不能太干，也不能粘手。若出现裂痕表示太干，可适量加入清水再搓，加水时要逐次少量添加，充分搅拌，否则容易结块。

3 将面团搓成条状，分成 14 份，每个重约 22g，轻轻压成扁圆形（若需加入馅料，可压成薄圆形），用刀背轻压出 6 道南瓜纹，用手指戳一下顶部，放入葡萄干做南瓜蒂，放在烘焙纸上，摆放时要留有间隙。

4 蒸锅里烧热水，上锅大火蒸 8 分钟。刚蒸好的小南瓜蒸饼很粘手，触碰或从烘焙纸上取出来会破坏小南瓜蒸饼光滑的表面，别心急，放凉就不会粘手了。

南瓜泥料理小秘诀：

1 南瓜泥必须趁热拌入干粉，容易搓揉，有利成形。每个南瓜的含水量不同，糯米粉和清水的分量要弹性增减。

2 食用时如果已经凉了，可重新上锅蒸数分钟。

香烤南瓜子

扔掉南瓜子？好可惜啊。其实南瓜的种子与嫩茎叶同样富含营养。南瓜子的有益油脂能预防高血脂及胆固醇；营养元素锌有助预防前列腺增生症；还有丰富的蛋白质、ω-3脂肪酸、叶酸及维生素E，适合素食人士。南瓜子加入适量调味料烘烤，可随心所欲创造属于自己的口味，饱满大粒的去壳吃，嫩子质感脆而且无渣，可以整粒吃。下次记着把南瓜子留起来哦！

材料:

孜然口味：新鲜南瓜子 40g　青柠檬 半个　孜然粉 1 大匙
　　　　　 红椒粉 1/2 小匙　海盐 1/4 小匙
焦奶油口味：无盐奶油 2 大匙
枫糖口味：枫糖浆 1 大匙　海盐 1/2 小匙

做法:

孜然口味

1　用汤匙将南瓜子刮出，放在网勺上，用流水冲洗，将瓜子和瓜瓤分开。用厨房纸巾吸
　　干南瓜子的水分，放在大碗中，加入调味料拌匀。预热烤箱至 180℃。
2　青柠檬去核榨汁。南瓜子加入青柠汁、孜然粉、红椒粉及海盐，拌匀。
3　在烤盘上铺上不沾布或烘焙纸，把南瓜子均匀平铺，送进烤箱 30 分钟，期间可取出
　　来试味，并将粘在一起的南瓜子分开，烘烤时间与南瓜子大小有关，愈大粒需时愈长。

焦奶油口味

奶油切丁，小火煮至熔化，再继续加热，过程中不用搅拌，直至底部出现黑色小点，闻到坚
果的香气，即可关火。小心将焦奶油舀出，避免舀出煮焦的黑点，与南瓜子拌匀，送烤箱烤
40~50 分钟。

枫糖口味

枫糖浆、海盐与南瓜子拌匀，送烤箱烤 40~50 分钟。

五仁粥

坚果含蛋白质、矿物质、食物纤维及多种维生素，能补充三餐缺乏的营养，缺点是难消化，当零食又容易过量。韩国电视剧《大长今》有一道令肥丁印象深刻的御膳"五子粥"，用5种不同的坚果磨碎熬粥，容易消化又果腹，老少咸宜，进食分量亦有节制。早餐起来没胃口，吃一碗最好。

材料（5~6 人份）：

珍珠米 150g　核桃 20g
松子 15g　白芝麻 15g
南杏 10g　葵花子 10g
麻油 1 小匙　海盐 适量
清水 2500ml

调味：

蜂蜜 适量
海盐 适量

做法：

1　珍珠米洗净，滤去水分，分为 2 份。将 2000ml 清水煮沸，加入一半的珍珠米。余下的一半与麻油一起炒香后加入锅中，煮沸，调为中火熬煮 20 分钟，关火，加盖静置 30 分钟。

2　白芝麻、南杏、葵花子分别用小碗盛起，泡水 1 小时。煮一锅热水，放入核桃汆烫 30 秒，捞起，用流水冲洗一会儿，去除苦涩味。葵花子泡水后外皮会自动脱落，在流水中冲去即可。白芝麻不用加油，放在锅中炒干。

3　把 5 种坚果放入搅拌机中，注入 500ml 清水，搅打成五仁浆。想要保留一些作装饰，在未完全打碎前，可捞起部分备用。

4　珍珠米粥泡至发胀后，加入五仁浆，搅拌均匀，开火煮沸即成，以海盐或蜂蜜调味。

五仁的好处：

核桃：润肺、养神，降低胆固醇。
松子：松树种子。滋润、润肠、养颜，延年益寿。
南杏：杏树种子。润肺平喘、生津开胃、润肠。
白芝麻：胡麻科植物种子。补血、润肠、益肝养发、强身健体，抗衰老。
葵花子：向日葵果实。降低胆固醇，保护心血管，预防贫血，增强记忆力。

秋季套餐（4人份）

胡椒蟹

杂菌茶碗蒸

南瓜金线鱼汤

宜人金秋，蟹长得最肥美，丰腴金黄的蟹膏、柔嫩粉白的蟹肉，令人垂涎三尺。然而蟹性寒凉，宜搭配祛寒佐料，新加坡和马来西亚的名菜"胡椒蟹"，就以黑、白胡椒及紫苏叶为主要调味料。黑胡椒浓烈刺激，白胡椒芳香不呛喉，味道层次丰富。用益脑的南瓜做汤头熬一锅鲜味的鱼汤，加入香气馥郁的菌菇，做一道日式茶碗蒸，将秋天的当令食材尽收一桌。

食材特写

蟹

蟹含丰富的蛋白质、钙和微量元素，能美肤、强化骨骼和牙齿，对肺结核有疗效。
蟹肉鲜美，但并非所有人都适合享用，吃蟹会诱发并加剧过敏的症状，轻者引发皮疹、
哮喘，重则休克。蟹属于高嘌呤食物，患有感冒、肝炎、心血管疾病、尿酸过高的人
士也不宜品尝。

吃蟹三部曲

1 吃新鲜
蟹是食腐动物，故胃肠中常带致病细菌和有毒物质。蟹死后，这些病菌就会大量繁殖
扩散到蟹肉中，食用会引发呕吐及腹泻。宜选择外壳有光泽、脐部饱满、腹部洁白的
新鲜活蟹。

2 煮熟透
蟹的腮、沙包及内脏含有大量细菌和毒素，料理时应先去除，并且一定要煮熟透。

3 减寒性
中医认为蟹是寒性食材，宜搭配姜、葱、陈醋、胡椒、紫苏叶等佐料，宜喝花雕；而
啤酒寒凉就不太合适了，也不宜与其他生冷食物同吃。虽然蟹的营养价值高，但要适
可而止，一次吃一只就好。

套餐食材

胡椒蟹

花蟹 2 只
鲜磨黑胡椒粉 2 小匙
鲜磨白胡椒粉 1 小匙
鱼露 1 大匙
白砂糖 2 小匙
独子蒜头 1 颗
米酒 1 大匙
鲜采紫苏叶 10~20 片
鲜采罗勒叶 10~20 片

杂菌茶碗蒸

中型鸡蛋 3 颗
鱼汤 420ml
白蘑菇 8 颗
杏鲍菇 4 颗
香菇 4 颗
鸿喜菇 60g（约半包）
日式酱油 1 大匙
味醂 1 小匙
日本清酒 1 小匙
海盐 1/8 小匙

南瓜金线鱼汤

小型金线鱼 5 尾
中型南瓜 1 个（约600g）
薄切生姜 3 片
海盐 适量
白胡椒粉 适量
清水 2500ml

胡椒蟹

做法：

1 新鲜花蟹放进冷冻库冷藏 1 小时，让花蟹进入睡眠状态，处理时花蟹便不会顽强反抗。
2 黑胡椒磨碎，鲜磨的更香。紫苏叶洗净，用手撕碎，蒜头拍扁，切末。
3 从冷冻库取出花蟹，戴上手套，用剪刀将蟹钳剪下，从背部打开蟹盖，除去肺部及内脏，用流
  水冲洗蟹盖，小心别把蟹黄也洗掉。用剪刀将蟹脚剪开两半，再分为 4 份，每边有两只脚，拍
  裂蟹钳，蟹盖若有蟹汁，可用小碗盛起，留待烹煮时一起加入。
4 锅中加少许油，烧热至冒白烟，加入蟹块及蒜末炒约 2 分钟，加入黑、白胡椒粉，鱼露、白糖
  及米酒，加盖，调至小火煮 8 分钟，加入撕碎的紫苏叶及罗勒叶，拌匀，即可盛盘。喜欢黑椒
  味者，盛盘后可再加入鲜磨黑胡椒粉。

杂菌茶碗蒸

做法：

1 取出420ml的鱼汤，放凉到40℃（洗澡水的温度）。加入酱油、味醂、清酒及海盐。鸡蛋尽量打散，
  避免留下蛋白。把鱼汤倒进蛋液中，拌匀，用网勺过滤蛋汁。
2 鸿喜菇切去根部，其他菌菇用沾湿的厨房纸巾抹干净。在平底锅中放入少许油，放入全部菌菇，
  快速炒香，不要频繁翻炒，开火备用。
3 茶碗放入菌菇，注入蛋汁，戴上隔热手套，将茶碗放入已冒蒸汽的蒸锅里，在茶碗上铺一块布，
  以免水汽滴入碗中。盖好锅盖，大火蒸 1 分钟，调至小火蒸 8 分钟。然后打开盖，再蒸 5 分钟，
  蛋面如浮出清澄的汤汁，即已熟透。

南瓜金线鱼汤

做法：

1 金线鱼去鳞，将肚内的内脏、血水和血块洗净，肚内紧黏鱼脊的地方有一道深红色的血沟，必须用刀尖刮净冲洗，有助去除腥味。用海盐、白胡椒粉及姜片刷抹鱼身，静置1小时后，用清水洗去盐，以厨房纸巾擦干，保持干爽才不会粘锅。

2 南瓜去皮去子，切厚块。用电热水壶将2500ml的清水煮沸。

3 铸铁锅放2小匙油，用姜片沾油涂刷锅壁，有助去除鱼腥味和防止鱼皮粘锅。锅里冒白烟，放入金线鱼，两面煎至金黄色，调至小火，再煎约10分钟，期间不要拨弄或翻面。

4 鱼煎好后立即注入沸水，鱼汤变成奶白色。将浮起的泡沫和杂质捞起，加入南瓜，煮沸后改为微火熬煮约45分钟。最后5分钟把鱼捞起来，加少许盐，拌匀。

鱼汤烹调小秘诀：

把南瓜切成大块，熬煮时不容易糊化，熬鱼汤时不要随便搅动，尽量使金线鱼保持完整，可以不用鱼袋。

秋季套餐（3~4人份）

山药汉堡

南瓜小米饭

海底椰哈密瓜腱子骨汤

秋天要解热治燥，还要保护肠胃的消化功能，适合吃滋润的瓜果及低热量且饱足感强的根茎类蔬菜。猪绞肉拌入富有黏性的山药泥，嚼劲极好，饱足感强又营养充沛。小米饭以焦糖、淡酱油及椰青水提味，爽而不腻，以南瓜作盛器，加几片清新薄荷点缀，更具视觉美感。哈密瓜益气养颜，配合滋阴润肺的海底椰熬汤，香甜味美。熬汤后的哈密瓜寒性稍减，可以多吃几片。

食材特写

山药

山药深埋土中不易受农药污染，药食皆宜，性平和，常吃可消除疲劳，提振食欲，健脾益胃，补肺固肾。低脂高纤，含消化酶、10多种氨基酸及微量元素，有利于消化和减重。细小的山药质感粉糯，适合熬汤。粗壮的山药爽脆，可以炒菜。宜挑选表面没有斑点，无裂痕，须根少，有重量的。未切开可用纸包好放在阴凉处。山药切开后要避免接触空气，用保鲜膜包好放进冰箱冷藏。

哈密瓜

哈密瓜是新疆特产，是甜瓜的变种之一。由于生长环境昼夜温差大，比其他瓜类含有更多糖分。中医认为哈密瓜能清肺热，益气，养颜，解渴。含抗氧化物质 β–胡萝卜素，有助预防癌症及白内障，对贫血亦有裨益。不过寒气甚重，体质健壮的朋友也不宜多吃，否则容易拉肚子，手脚无力，甚至出现过敏的症状。
哈密瓜宜选网纹开展的，纹路愈密愈好。"脐"的部分（即蒂头另一端）能压下表示熟透。连接瓜蒂的茎部若已干槁，表示水分充分被吸收，甜度到达顶峰，瓜肉绵密。若茎部呈饱满状态，较为爽脆。

海底椰

海底椰原生于东非塞席尔的数个岛屿之上，漂浮到东南亚海边被捡到，人们发现这种大椰子不同于当地品种，误以为生长在海底，故名海底椰。有除燥清热、润肺止咳的功效，是常见的汤料。

套餐食材

山药汉堡

山药 60g
牛绞肉 150g
猪绞肉 150g
蛋白 20g
面包粉 2 大匙
日本赤味噌 1 大匙
味醂 1 大匙
姜泥 1/2 小匙
九层塔末 1 大匙
白胡椒粉 适量

海底椰哈密瓜腱子骨汤

去皮哈密瓜 500g
腱子骨 500g
海底椰 20g
南杏 78g
北杏 15g
薏仁（生薏米）15g
南枣 10 颗
陈皮 2 片
清水 3000ml

南瓜小米饭

珍珠米 240g
小米 60g
去壳栗子 100g
南瓜 2 个
椰青水 500ml
白砂糖 2 小匙
姜泥 1 小匙
鲜采薄荷叶 适量

山药汉堡

如何制作汉堡肉饼

做法：

1 山药用削皮刀去皮，用搅拌棒打成泥。

2 用手提搅拌机搅碎牛肉和猪肉，加入山药泥、蛋白、面包粉、味噌、味醂、姜泥、九层塔末及白胡椒粉，搅拌均匀，分成 8 份。

3 双手沾水，用汤匙舀出绞肉，用手搓揉成球状，然后左手抛右手，右手抛左手，接连抛接，塑成肉饼。将肉饼用平底锅中火煎至金黄色，翻面，加盖，再以小火煎 4~5 分钟，煎的时间视肉饼的厚薄而定，关火，盛盘。

南瓜小米饭

做法：

1 用刀的尾部割开椰青壳的顶部，用大盘子盛倒出来的椰青水。

2 白砂糖放在小锅中，小火加热，煮 3~4 分钟成焦糖，慢慢注入椰青水，将焦糖煮至溶化，关火。

3 用剪刀在栗子的顶端划上十字切口，煮一锅沸水，放入栗子，大火煮 10 分钟，将沸水倒去，把硬壳剥开，趁热用毛巾揉搓栗子膜，将栗子膜剥下来。

4 将一个南瓜去皮去子，切成 2cm×2cm 的小丁。另一个南瓜切开顶部，用汤匙刮出南瓜子，在南瓜皮和内部均匀涂油，放进预热 160℃ 的烤箱，烘烤 20 分钟，取出备用。

5 电锅中加入小米、珍珠米、南瓜丁、栗子、椰青水及姜泥，拌匀，煮成熟饭。

6 用南瓜盛小米饭，撒上手撕薄荷叶，上菜。

海底椰哈密瓜腱子骨汤

做法：

1 海底椰、南杏、北杏、南枣、薏仁、陈皮用清水浸泡 1 小时。

2 预备一锅冷水，放入所有干货（陈皮除外），煮沸后再煮 2~3 分钟去除酸味和异味，沥干，备用。陈皮用汤匙刮走白瓤。

3 哈密瓜去瓤、去核、去皮，切厚片。腱子骨放在小锅中，加入冷水，煮至沸腾，将浮沫及杂质捞起。

4 汤锅中注入 3000ml 清水，煮沸后，放入所有汤料，小火熬煮 90 分钟。

5 汤熬好后，立即将腱子骨捞起，防止骨头里的油脂渗出。

套餐烹调小秘诀：

1 建议购买整块鲜肉自行绞打，制作前冷冻至半坚硬的状态（刀能切得下），再放进手提搅碎机搅碎，可避免肉类水分流失，保持汉堡肉的弹性和嚼劲。

2 山药表皮的植物碱，有些人接触后会引起过敏而发痒，处理时最好戴手套。若不慎碰触导致皮肤红肿，可用白醋清洗止痒。

3 哈密瓜和海底椰属寒性食材，最好搭配温性食材陈皮、南枣，达到保健效果。

自制柚子蜜

柚子香气清雅，果肉香甜多汁，富含维生素C，可生津止渴，润肺清肠。秋季特别容易多愁善感，把柚肉与冰糖熬制成蜜，加入菊花或红茶冲泡热饮，闻着柚香，烦恼尽消，倍感温馨甜蜜。柚子蜜用途甚广，可制甜品，代替砂糖调制烹调肉类或海鲜的酱汁，解肉类肥腻。

材料（分量 :1 瓶 300ml）：

去白瓤柚皮 40g　柚肉 400g　碎冰糖 120g
蜂蜜 75g　麦芽糖 2 大匙　清水 100ml

做法：

1　消毒玻璃容器。

2　在流水中用刷子轻轻洗擦柚皮，切去柚蒂，用刀沿着柚子的弧度划 4~5 刀，将柚皮
　　剥下。

3　将柚皮的白瓤部分削去，白瓤略带苦味，要尽量切除干净。柚皮切细丝，以热水浸泡，
　　放入冰箱过夜，期间换水 2~3 次。

4　柚肉去白瓤，去核，撕开果肉，尽量撕细一点，一层果肉一层碎冰糖放入碗中，盖好
　　保鲜膜放入冰箱冷藏一夜。

5　倒去浸泡柚皮的清水，把柚皮丝及 100ml 新鲜清水加入小锅中，煮至沸腾，改为小
　　火熬煮约 10 分钟，把柚皮丝煮软，试吃，如有苦涩味，倒去煮过的水，重新注入清
　　水熬煮，重复直至没有涩味。加入 2 大匙麦芽糖，煮 10 分钟，把清水煮干，柚皮变
　　成透明。

6　留下柚皮丝，加入柚肉及碎冰糖，中火熬煮，果肉渗出果汁，改小火再熬约 15 分钟，
　　不时搅拌，柚肉变软，捞出 1/3 备用。

7　当果汁减少 1/2，将柚肉倒回锅内，继续搅拌至浓稠，关火，趁热入瓶，放凉后加入蜂蜜，
　　搅拌均匀，加盖，倒转冷却，放入冰箱静待 2 天，即可享用。放进冰箱可保存 2~3 个月。

柚子蜜小秘诀：

1　柚子宜选柚皮光滑细致，果形匀称，有重量感，底部柔软，用力按能摸到瓣为佳，柚颈
　　较短多果肉。柚子在常温下可储藏 2~3 个月。

2　柚皮能保存数月不失香味，将白瓤削下，切段晒干点燃，可代替化学蚊香，放入冰箱可
　　除异味。有颜色的柚皮含有精油，可泡热水洗脸和泡澡，消除疲劳又美肌。

3　制作柚子蜜宜用味道清淡的蜂蜜，如槐花蜜，不掩盖柚子本身的香味。

杏仁露

杏仁就是杏子的核仁，有止咳平喘、润肠通便之效。秋风起，干燥的气候容易引起咳嗽，饮用杏仁露可解秋燥。配方中加入雪耳补中益气，麦片中加入纤维，百合养阴润肺，滋润又养颜。

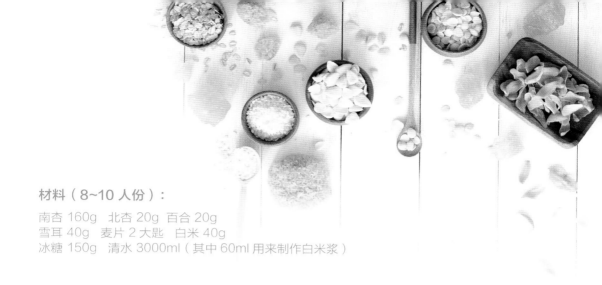

材料（8~10 人份）：

南杏 160g　北杏 20g　百合 20g
雪耳 40g　麦片 2 大匙　白米 40g
冰糖 150g　清水 3000ml（其中 60ml 用来制作白米浆）

做法：

1　南北杏、雪耳、百合和白米分别盛于不同的碗里，洗净，最少浸泡 1 小时，如泡过夜更佳。
　　倒掉泡过的水，雪耳、百合放入小锅中，注入冷水煮至沸腾，数分钟后捞起，沥干。

2　用刀除去雪耳发黄的根部，切丁。如喜欢吃雪耳的质感，可将雪耳分为 2 份，一份切
　　丁与南北杏打浆，另一份等杏仁露煮好后才加入。

3　取 60ml 清水与白米混合，用搅拌机打成白米浆，清洗搅拌机。

4　南北杏、雪耳丁、百合、麦片分 3 次放入搅拌机中，打至细滑，将杏仁露倒进棉布袋过滤。
　　清水分 4 份，最后一份与过滤余下的杏仁渣再打一次，可令杏仁露更香浓。搅拌次数
　　可按照搅拌机的负荷更改。

5　加入冰糖，不时搅拌（雪耳丁可于此时加入），冰糖全部溶解后，试甜度，杏仁露尚
　　未煮沸时，一边搅拌一边加白米浆，直至沸腾，即可关火。杏仁露沸腾的速度非常快，
　　小心看炉以防溢出。

妙用杏仁渣：
杏仁渣可放入夹链袋中，压扁，置于冷冻库保存，适用于做菜，做面包，用来敷脸有很
好的美白保湿功效。

冬

冬季是四季中最适合调理保养的季节，不过养生不一定等于进补，而且并不是每个人的体质都适合进补。

冬天一定要进补吗？

很多人认为冬季严寒，一定要使用中药材进补，如枸杞子、大枣、西洋参、桂圆等熬汤或泡水当茶喝，认为这类药材温和天然，多吃无碍。其实再温和的药材，食用过量也会对身体造成伤害。为了御寒，很多人会相约吃火锅、姜母鸭及高温油炸食物，暖暖身子，长年累积这种饮食习惯，其实大大提高了患心血管疾病的风险。

药补不如食补，只要选对食材，也可以让您的身体变成暖炉。钙质影响心肌、血管及肌肉的伸缩，所以补充钙有助身体御寒，可选择牛奶、鸡蛋、豆制品、马蹄、紫菜、海带、芝麻等钙质较多的食物作为早餐。午餐和晚餐可选富含碳水化合物、脂肪、蛋白质的食物，为我们一天所需提供热能，谷类、羊、乌骨鸡，都是冬季的保暖佳品，再搭配冬令的蔬菜，例如甘蓝、花椰菜、青江菜等，提供食物纤维。

吃的方法也很重要，例如乌骨鸡营养的部分是瘦肉而非鸡皮和鸡油，烹煮时亦不宜用油炸。苹果是有益的食材，若制成拔丝或甜品，则要注意油脂和糖的摄取量，否则容易变胖。

冬补是很深奥的学问，必须因人而异，小心谨慎，否则适得其反。什么时候进补，吃什么进补，最好在医师和营养师的指导下，选择适合自己的食材。

【立冬】

十月小阳春
立冬天气不太冷
空气渐趋干燥
需小心山火
气温容易回升
别过量进补啊

【食材历】

大白菜　小白菜　青江菜
白萝卜　胡萝卜　樱桃萝卜
椰子　莲雾　木瓜

【小雪】

南方的节气特征远未显现
北方却已白雪纷飞
草木凋零
冬天的味道愈来愈浓
微寒来临
餐桌也要换季了

【食材历】

花椰菜　甘蓝　黑米
蔓越莓　核桃　苹果

自制韩国泡菜

入冬气温骤降，大白菜会由内而外，一层一层紧紧地卷起来，糖度到达顶点，吃起来特别清香脆嫩，以韩式的辣椒酱腌制成泡菜，汇聚酸、甜、辣、脆的口感，迅速唤醒你的食欲，无论当配料下饭或烹调菜肴，都能做出让味蕾惊艳的好滋味。大白菜经过发酵后，维生素比原先增加至少2倍，含有丰富的乳酸菌，帮助消化，有抗癌的作用。高纤低脂，是理想的减重食材。

材料：

大白菜 2000g（约 1 个）　白萝卜 500~600g（约 1 个）　海盐 200g

泡菜酱材料：

糯米粉 50g　白砂糖 45g　冷开水 350ml　韭菜 2~3 根　葱 150g　梨 300g（约 1 个）
虾米 20g（代替韩式咸虾）　独子蒜头 1 颗　姜泥 1 大匙　红椒粉 30g
辣椒粉 1~2 大匙（喜辣可加至 8~10 大匙）　鱼露 100ml

自制韩国泡菜

泡菜酱·做法：

1　混合糯米粉、白砂糖及冷开水，搅拌至没有粉粒，小火加热，煮至糨糊状即可关火，放凉。粉浆愈煮愈黏稠，一定要不停搅拌，否则容易焦底。

2　韭菜、葱切成约 3cm 的长段。

3　虾米用热水泡软，倒去浸过的水。梨去皮去芯，切丁。蒜头去皮，姜去皮磨泥，全部用手提搅拌棒打碎成梨泥。

4　粉浆冷却后，加入鱼露、红椒粉、辣椒粉及梨泥，拌匀、试味，加入半份韭菜和葱。

泡菜·做法：

1　从大白菜根部到中央竖着对剖，别一刀切开，刀锋碰到菜叶即可停止。双手掰开大白菜，保留菜叶完整不散开，再以相同的方法，将 2 等份的大白菜分成 4 份。

2　把海盐分成 4 等份，掀起菜叶，每一片叶均匀涂抹海盐，放在大盘中，上压重物，静置 2~3 小时，大白菜会大量渗水变软。

3　白萝卜去皮，切细段，放 1 小匙盐，拌匀，腌 30 分钟。倒去白萝卜渗出的水。

4　用流水冲洗大白菜，然后以冷开水浸泡约 30 分钟，试味。若咸味适中，将菜叶轻轻拧干，放在网筛上沥干。

5　打开菜叶，把白萝卜、韭菜、葱藏进菜叶中，均匀涂抹泡菜酱，卷成球状，层层叠好放入玻璃瓶，别放太满，因为加入泡菜酱后大白菜可能会再次出水。置于室温发酵，发酵时冒出小泡是正常现象。大白菜变酸后，可移到冰箱存放。泡菜发酵与温度有关，温度愈低需时愈长，任何阶段都可以试味。

港式腊味萝卜糕

北风一起，萝卜的季节便到了。当令的白萝卜特别清脆多汁，切起来发出爽脆的声音，刨丝，保留萝卜渗出清甜的汁液，混入粘米粉制成粉浆，加入爆香干冬菇、虾米、腊肠或腊肉，入口咬到一丝丝的萝卜，真正原汁原味，比市售的现成萝卜糕好吃多了。萝卜有"好彩头"的寓意，萝卜糕不仅是港式茶楼的特色点心，还是农历新年必吃的贺年糕点。

材料（分量：14cmx14cmx5cm 正方形糕盘 1 个）：

白萝卜 1800g（约 2 大条）　粘米粉 165g　澄粉 33g
腊肠 2 根　干香菇 5~6 颗　干贝 6 颗
虾米 10 ~ 20g　葱花 2 大匙　姜汁 2 大匙
蚝油 2 大匙　海盐 1 小匙　胡椒粉 适量

港式腊味萝卜糕

做法：

1 虾米、干香菇以温水泡软，沥干水分。干香菇去蒂，切丁。干贝以温水泡软，倒掉泡过的水，
  另添清水，隔水蒸 20 分钟，撕成细丝。腊肠切小丁。
2 白萝卜去皮刨丝，沥干，用另一只碗留起萝卜丝渗出的水分，用来调节萝卜糕的软硬度。
3 腊肠不加油爆香，依次加入干香菇、虾米及干贝丝，炒香，盛起备用。
4 油锅洗净，白萝卜丝不加油煮软，关火。腊肠、干香菇、虾米、干贝丝回锅，加入海盐、蚝油、
  葱花及胡椒粉。
5 混合粘米粉和澄粉放在网勺里，逐步加入白萝卜丝中，续入姜汁，拌匀。喜欢质感软的萝卜
  糕可酌量加入萝卜水。
6 所有材料拌匀，放入糕盘，包上铝箔纸，隔水大火蒸 40 分钟。
7 萝卜糕蒸熟后放凉，在冰箱存放最少一晚，凝固后，切片，在平底锅内放少许油，煎至两面
  金黄色，享用时可蘸甜酱、芝麻酱或辣酱。

白萝卜的挑选与保存：

1 优质的白萝卜外形呈圆柱形，叶与根之间圆圆鼓起，饱满扎实。表皮光滑无裂痕、沉实，用手
  指轻弹，响声清脆为水分充足，叶柄不枯萎才新鲜。新鲜萝卜不宜放进冰箱，存放在阴凉处即可。
2 白萝卜性寒凉，女生体虚、经期不顺、胃病者不宜常吃。

椰子乌骨鸡汤

椰子水可说是椰子树的树液，像水而不像奶。除了天然的糖分，还富含多种维生素、蛋白质、钾、钙、镁及氯化盐，是不含脂肪的营养饮料。椰肉能帮助消化，杀死致病微生物与寄生虫，对减肥也有帮助。其实椰子水和椰肉的性质是不同的，椰子水性温，椰肉性平，搭配滋补不油腻的乌骨鸡，慢火细熬一锅椰子乌骨鸡汤，鲜甜可口，滋补养颜。

材料（2~3 人份）：

乌骨鸡 1 只
椰子肉 200g
椰子水 400ml
海盐 适量
冷水 500ml
清水 500ml

做法：

1 椰子顶部有 3 个像眼睛的形状，外皮较薄，用清洁的螺丝起子刺穿眼睛形状，
   倒扣在杯子上，流出椰子水。在刺穿的部位用刀背轻敲，椰壳便会裂开。
2 把椰子送进 100℃的烤箱，棕色椰壳向上，烤 15 分钟取出，即能用一字起子撬
   出椰肉，椰肉别弄得太碎。用削皮器削去棕色外皮。
3 乌骨鸡洗净，去皮，切块，放入 500ml 冷水中，煮沸，捞起浮沫和杂质，倒去
   煮过的水。
4 汤锅注入 500ml 清水，煮沸，放入乌骨鸡、椰子肉及椰子水，小火熬煮 30~45
   分钟，熬汤时见浮沫必须撇去，以保持汤水清澈。适量加入海盐，即可饮用。

椰子、乌骨鸡怎样挑？

1 市售的"椰子"是椰子里棕色的核，又叫"椰仁"。购买时，外形饱满、外皮黑褐色或黄褐色，
   手感沉重，放在耳边摇动，汁液撞击声响大的为新鲜。
2 乌骨鸡体型比一般鸡细小，含 B 族维生素，十几种氨基酸，低胆固醇低脂肪，是延缓衰老、
   补虚劳的食品。熬汤宜选老乌鸡，营养更丰富。

白花椰菜披萨

白花椰菜在寒风中互相簇拥地长在一起，味道和营养是最好的。它富含维生素C、维生素K、β-胡萝卜素、叶黄素，能抗菌抗炎、抗病毒、抗凝血，防止自由基形成，有"穷人医生"的美誉。用白花椰菜代替精制白面粉制作披萨饼皮，滋味非常绵密，馅料很随兴，用自制的番茄酱调味，好吃又没有负担。饼皮和酱料预备好，可以统统丢进冰箱，要吃的时候拿出来烤，让你吃得畅快又满足。

材料（1~2 人份）：
白花椰菜 300g　Parmesan 起司 20g　Mozzarella 起司 10g
蛋液 25g（约半颗）　鲜采百里香 1 束　鲜采奥勒冈 1 束
海盐 1/4 小匙

馅料：
甜椒 随意　白蘑菇 随意　火箭莴苣 随意　Mozzarella 起司 20g

番茄酱材料：
圣女果 120g　鲜采罗勒叶 2 大匙　Demerara 原蔗糖 1 大匙　海盐 适量
黑胡椒粉 适量

番茄酱 · 做法：
圣女果去蒂，切半，送进烤箱以 150℃烤 1 小时，不用烤太干，否则水分完全蒸发，没
有茄肉制作酱料。圣女果去皮，加入原蔗糖、罗勒叶，用手提搅拌棒打成番茄泥，加入海盐、
黑胡椒粉调味，即可。

披萨 · 做法：
1　摘下白花椰菜的叶片，将粗茎切除，从切口处的内侧切下花蕾，分成小朵，茎部切丁。
2　放入手提搅碎机中，搅拌成雪花状的细丁，中火隔水蒸 5 分钟，放凉，放入布袋，榨
　　干花椰菜的水分，尽量拧干一点，才能做出清爽的披萨。
3　将白花椰菜、Parmesan 起司及 Mozzarella 起司放入盘中，加入百里香和奥勒冈、
　　海盐及蛋液，用汤匙拌匀，塑成球状。
4　预热烤箱 160℃。烤盘铺上不沾布，将白花椰菜面团均匀压成大块薄片，烤 8~10 分
　　钟，披萨表面呈金黄色，取出。
5　抹上番茄酱，放入馅料，再烤 7~8 分钟，出炉，洒上火箭莴苣，即可享用。

面皮更脆的小秘诀：
增加 Parmesan 起司的比例可做出更脆的饼皮。不吃蛋奶的朋友，可用约 120g 荞麦面
粉及清水代替起司和蛋，水量视面团的湿度而定。

迷你苹果派

苹果外形饱满，而且益处甚多，集碳水化合物、维生素C、胡萝卜素、花青素、钾及钙等营养于一身，并有丰富的食物纤维和果胶维持肠道健康，且有抗氧化、抗衰老之效。迎合潮流运用法式烘焙的做法，不用饼盘，并特意减少奶油的分量，一改苹果派的甜腻感。为避免一次吃太多，做成迷你版，别有一番味道。

材料（分量：直径 8cm×8 个）：

派皮材料：
低筋面粉 160g　奶油 90g　柠檬皮屑 1 大匙
Demerara 原蔗糖 1/2 小匙　海盐 1/4 小匙　冰水 60ml

馅料：
核桃 50g　姜泥 1 小匙　柠檬皮屑 1 大匙
Muscovado 原蔗糖 2 大匙　苹果 2 个
柠檬汁 1 小匙　肉桂粉 1/4 小匙　蜂蜜 3 大匙

做法：

1　从冰箱中取出奶油，切丁。低筋面粉过筛，与奶油、Demerara 原蔗糖、柠檬皮屑及海盐混合。

2　用指尖混合奶油和低筋面粉，以手指的热力将两者粘在一起（重点是奶油不能熔化），混合至粗颗粒如面包粉状，加入冰水，按压成面团，滚成扁圆形，用保鲜膜包好，放进冰箱松弛 30 分钟。面团不要过度揉搓，否则面粉起筋，会导致派皮不够松脆。

3　核桃仁敲碎，姜去皮磨泥，柠檬皮磨屑，全部混合，加入 Muscovado 原蔗糖，拌匀。

4　苹果去皮，切半去芯，切薄片，加入柠檬汁防止苹果氧化变色，加入肉桂粉。

5　烤箱预热 170℃，从冰箱取出派皮面团，均等分成 8 份，滚圆，用手压扁，用面棍擀成直径约 14cm 的圆形薄面团。

6　铺上核桃碎、苹果薄片，从派皮边缘向中央折起，中央留开口，在苹果片上扫上薄薄的蜂蜜。

7　送进烤箱，以 160℃烤 20~25 分钟，派皮边缘烤至金黄色，即可享用。

苹果的挑选与保存：
苹果宜挑选有光泽、没有伤痕的，以手指轻弹听到清脆声音的比较多汁。苹果存放冰箱，可减缓成熟的速度。

【大雪】

南方虽没有扬扬飘雪
气温却越来越低
一波波寒流紧至
披上大衣
围上围巾
为过冬做好准备
喝一碗暖暖的汤
知足就是幸福

【食材历】

芝麻
海带
紫菜
慈姑
橙

【冬至】

一年之中白昼最短
黑夜最长的一天
不论中西文化
都是欢聚团圆之月
冬大过年
一家团聚
圣诞感恩
温情洋溢

【食材历】

马铃薯
乌子鱼
榛果
肉桂
姜

糖渍橙皮

橙像冬天的太阳，明亮活泼。冬季容易感冒，吃橙可迅速补充维生素C。橙皮所含的钙和维生素 C 比果肉丰富，还有带苦味的柠檬烯，可以预防癌症、抑制胆固醇。橙皮含有芳香味的精油，有促进血液循环、燃烧脂肪之效。把橙皮做成酥脆香甜的糖果，橙丝香气过滤口中，顿时缓解压力，转换心情。

材料：

橙皮 120g(约橙 4 个)　白砂糖 60g
海盐 适量　清水 150ml

装饰：
白砂糖 70g

做法：

1　橙用温水浸泡 20 分钟，上压重物使其完全沉入水中。然后用流水冲洗，用海绵或刷子轻轻洗刷橙皮，去除橙皮的蜡，别太用力把橙皮刮伤，破坏橙皮组织，使营养流失。蒂及凹陷的底部特别容易积聚农药，需去除。

2　用刀子沿着橙的弧度轻划 4 刀，将橙皮剥下，削去带苦味的白瓤，尽量去除干净。橙皮切细丝，以温水浸泡，换水数次直至水变清澈，放进冰箱过夜。

3　倒去浸泡过的水。把橙皮丝、海盐及 150ml 清水倒入小锅中，加热到沸腾，改为小火熬煮约 10 分钟。

4　橙皮变软，加入白砂糖，小火加热把糖煮溶，转为大火煮至沸腾，糖浆差不多全部蒸发掉，橙皮丝呈半透明，关火。

5　用叉子将橙皮丝舀出来，放在烘焙纸上，摊开，风干。橙皮丝放凉后，加入装饰用的砂糖，放在网勺上过滤多余的糖粒，待完全冷却变硬，即可放入密封的玻璃瓶贮存，20℃以下室温可存放约 3 周。

鲜橙的挑选：
果农为了使鲜橙看起来更新鲜，会在表面上蜡或其他化学品，制作前最好用温水洗净，用有机橙就更安心了。

糖渍橙皮的用途：
糖渍橙皮可蘸熔化的巧克力，或切碎加入饼干、蛋糕或面包之中提香，甚至和红茶一起泡，味道也非常棒！蘸过橙皮的白砂糖充满柑橘香气，可保留起来添加到饮品中。

紫菜墨鱼丸汤

紫菜是著名的补碘食物，其营养价值出众，不仅是维生素的宝库，抗癌和抗辐射功效也很好。在海藻类食物中铁含量排名第一，能改善贫血状况。丰富的钙、蛋白质、水溶性纤维，有助于强化骨骼及牙齿，降低有害胆固醇，适合孕妇、年长者和素食者。如果你手边有紫菜，不妨亲手制作墨鱼丸，煮一碗暖暖紫菜汤，感受海洋的味道，让整个身体暖和起来。

材料（2~3 人份）：

墨鱼丸 10 颗
紫菜 10g
鱼露 1 大匙
白砂糖 1 小匙
薄切生姜 3 片
白胡椒粉 适量
葱花 适量
清水 1200ml

墨鱼丸材料（可制作 10 颗）：
大墨鱼 270g
海盐 1/4 小匙
冰块 1 块

做法：

1 墨鱼洗净，切开肚部，小心将头部、含有墨鱼汁的胆囊、内脏以及可能未消化的鱼虾取出。把墨鱼皮正中央的梭子形壳拆下来，撕去灰黑色外皮，即取得白色的墨鱼肉，鱼鳍两旁皮肉紧粘在一起，可用刀划一下，撕走外皮。

2 墨鱼肉切丁，连同海盐放入手提搅碎机，搅至半碎。加入冰块，继续搅打成有黏性的胶质糊状，不要搅拌得太碎，否则没有咬劲，口感不好。

3 把墨鱼糊浆放入大碗中，双手沾水，甩打糊浆 20~30 次，把空气挤压出来，甩打次数愈多，墨鱼丸弹性愈佳。

4 紫菜放在网勺上，用流水冲走沙粒，沥干。

5 清水和姜片放入汤锅中煮沸。双手沾水，用汤匙舀起墨鱼丸，放在掌心，塑成丸状，放入锅中，小火煮熟，捞起浮沫和油脂，墨鱼丸浮起来，表示煮熟。加入紫菜、鱼露、砂糖及胡椒粉调味，撒上葱花，拌匀，煮沸即可享用。

紫菜的挑选与保存：

1 紫菜宜选薄而有光泽，质地爽脆，色泽乌紫或乌黑，清洗时不会严重褪色的。若用温水浸泡一夜，清水严重变色，很可能经过人工染色。紫菜容易受潮变质，应密封包装，置于低温干燥处，保持味道和营养。

2 紫菜的钠含量偏高，高血压、肾脏不好的朋友必须慎用。

马铃薯炖肉

马铃薯又叫洋芋、土豆，便宜，低脂，有饱足感。水分含量高达 80%，即使纤维多，口感仍然绵密柔软。把马铃薯炒香，连同其他蔬菜丢进铸铁锅里炖煮，马铃薯的淀粉质溶入汤汁里，非常下饭。没有烦琐的步骤和复杂的调味，一锅搞定，永远吃不腻。

材料（4~5 人份）：

马铃薯 3 个
胡萝卜 2 根
洋葱 1 个
四季豆 1 束
梅花肉 200g
日式昆布酱油 4 大匙
日式清酒 2 大匙
味醂 3 大匙
清水 250ml

猪肉腌料：

日式昆布酱油 1 大匙
白砂糖 1 小匙
粟粉 1 小匙
白胡椒粉 适量

做法：

1 梅花肉切片，加入酱油、砂糖、粟粉及胡椒粉拌匀，腌制 30 分钟。

2 洋葱切大丁，别切太细，否则加热后很快溶掉了！胡萝卜削皮，滚刀切块。马铃薯可以切大块一点，泡水以防变色。四季豆去蒂，用手掰成容易入口的长度，备用。

3 铸铁锅加少许油，烧热，加入一半洋葱，小火炒香。用另一个平底锅将马铃薯和胡萝卜煎香，不用煎很久，马铃薯容易煮烂，大火煎约 2 分钟，表面微焦即可。

4 洋葱炒至焦糖色，调至中火，放入梅花肉片，加入清酒。如怕焦底可加一点水，炒一会儿，放入马铃薯、胡萝卜及剩下的洋葱。

5 加入 250ml 热水，中火煮 2~3 分钟，若有杂质浮于表面，捞出。调至小火，加入酱油及味醂，拌匀，盖上锅盖，小火煮 15~20 分钟。

6 当马铃薯、胡萝卜煮软，汤汁变少，可以加入四季豆，加盖，中火再煮 2~3 分钟，即可上菜。

马铃薯的挑选与处理：

1 制作炖肉的马铃薯宜选细长品种，薯皮削得厚一点，表面没有凹凸不平就不易煮散，下锅后慢慢加热，不能用大火。圆形品种较为松软，适合烤焗或做沙拉。

2 马铃薯最好以常温保存，放在通风阴凉处。若马铃薯开始发芽，薯皮变成绿色不能食用，因为发芽的马铃薯，龙葵碱含量会急剧上升，削掉或加热也不能去除，进食轻则肠胃不适，重则危及生命。

【小寒】

寒风萧萧

气温进一步下降

万物潜藏若虚

天寒地冻

滴水成冰

冬货、火锅

是时候出炉了

【食材历】

金橘

马蹄（荸荠）

糯米

冬菇

辣椒

胡椒

鲳鱼

【大寒】

冬天将过，余威未尽

进入严寒的日子

难忘过新年

热闹过除夕夜

为家人做一桌好菜

送旧迎新

为新的一年祝愿祈祷

【食材历】

甜菜根

大头菜

芫荽

木耳

蜜柑

松子

腊肉

羊肉

海参

普洱茶叶

桂花马蹄糕

马蹄又称荸荠或水栗。马蹄的磷含量是根茎类蔬菜中较高的，有助于牙齿骨骼发育，可以促进体内的糖、脂肪、蛋白质的新陈代谢，适合儿童食用。冬季一到，马蹄的球茎糖度饱满，去皮煮熟，甜润温暖，隆冬可当水果来吃。岭南著名小吃马蹄糕，就是以马蹄的淀粉"马蹄粉"及新鲜马蹄制作，蒸熟后晶莹剔透，清热滋润，切片煎香，Q软柔韧，配一杯热茶，一乐也。

材料（分量：14cmx14cmx5cm 正方形糕盘 1 个）：

新鲜马蹄 10 颗　广州泮塘马蹄粉 65g　粟粉 5g
冰糖 70g　片糖 20g　干桂花 10g　冷水 250ml　清水 250ml

做法：

1　用流水将马蹄上的泥土彻底洗净，放入小锅煮沸 5 分钟，倒去煮过的清水，冷却后去皮，把马蹄放进夹链袋内，用木棍拍碎，拍碎的口感比刀切更加爽脆。
2　马蹄粉、粟粉与 250ml 冷水，搅拌均匀成马蹄粉浆，用网勺过滤。
3　干桂花放入茶壶内。煮沸 250ml 清水，冲入壶内，泡 10 分钟成桂花茶。
4　桂花茶、冰糖、片糖及马蹄，放入小锅中，中火煮至糖全部溶解，关火。将马蹄粉浆冲入刚煮好的热糖水中，快速搅拌成黏糊状。
5　重开小火，边搅拌边煮至浓稠的糊糊状，即可关火，尽快倒入已涂油的糕盘中，盖上铝箔纸防止水气，上锅大火隔水蒸 20 分钟。刚蒸好的马蹄糕很软，不易脱模，放凉后，送进冰箱冷藏便会变得挺实。
6　马蹄糕冷热皆宜，冬季宜热食，切片，小火加热，两面煎至微脆。由于含糖量高，小心看炉以防焦底。

马蹄糕小秘诀：

1　马蹄宜选购果实大而坚硬，表面光滑，小坑和斑点较少的。买回来后不要洗掉表面的泥土，放在冰箱蔬果区可保存 1 周。马蹄去皮后很快变坏，须尽快食用。马蹄性寒凉，脾胃虚寒及孕妇慎用。
2　马蹄粉很容易沉坠锅底，粉水分离。把马蹄粉浆倒入热水中，煮成浓稠的糊糊状，可令粉浆不起粉粒，新鲜马蹄平均分布，避免粉水分离。

免炸甜菜根脆片

甜菜根又名"红菜头"，能降血压，预防心脏病、中风、肠癌，减缓老年痴呆症。甜菜根糖度高，热量却很低，薄切沾黑醋和蜂蜜，烤成脆片，即成低热量、天然、健康的零食！更重要的是，烤脆的甜菜根片一点土味也没有，代替洋芋片，大口吃也不会有罪恶感，建议多做一点，否则会后悔不够吃啊！

材料：

甜菜根 2 个（每个约 250g） 意大利黑醋 1 小匙 蜂蜜 1 大匙 海盐 适量 油 适量

做法：

1 甜菜根去叶茎，在流水下，用刷子将表面的泥土刷洗干净。

2 去皮，用切片器切成厚薄一致的薄圆片。

3 混合意大利黑醋与蜂蜜，把甜菜根放入大碗中，均匀沾上黑醋与蜂蜜，再扫上一层薄油，将薄片铺在已放不沾布的烤盘上，密铺平面，不要重叠。

4 预热烤箱 160℃，将甜菜根薄片送进烤箱，以 150℃烤 5 分钟，油脂发出"噼噼"的声音，薄片开始收缩，表面变干，降温至 100~110℃，再烤 20~25 分钟。

5 用手捏感觉薄片变硬，便可从烤箱取出，放在架上待凉，凉透的薄片很脆，如未即食，须立即放入密封容器内保存，以防受潮变软。

甜菜根脆片小秘诀：

1 若非刀功了得，建议用切片器，否则厚薄不一致很难控制烤的时间。每个烤箱环境和温度有差异，必须看炉，实时调整温度和时间。

2 甜菜根色素对光和热特别敏感，为避免薄片变色，可在放薄片的烤盘上多放置一个烤盘或铝箔纸，阻隔发热线的光和热，可保留红色。若脆片受潮变软，可放入烤箱以 90℃回烤 5~10 分钟。

3 小棵的甜菜根较嫩，选择坚实带叶子的比较新鲜也耐放，带叶的甜菜根可以在室温条件下摆放 3~4 天，放入冰箱可以储存约 1 周。

自制腊肉

古代中国重视礼乐，在冬至后的第三天，由天子主持祭天的盛大仪式，感谢上天的恩赐，这场祭典叫作"腊"，所以称农历十二月为"腊月"。腊月的温度和湿度低，适合将腌制肉类风干，腊肉之名由此而来。

材料：
五花肉 600g　海盐 2 小匙

腌料：
生抽 1 大匙　老抽 1 大匙　鱼露 1 大匙　Demerara 原蔗糖 1 大匙
花椒 1 大匙　米酒 4 大匙　花雕 1 大匙

做法：

第一天

1 将五花肉切成宽约 3cm、长约 20cm 的方块。洗净，用厨房纸巾抹干，放在盘里，
用筷子或针横向刺穿猪皮，把棉绳一同穿过去。均匀涂抹海盐，在阴凉处挂起来，晾
2~3 小时，直至表面干燥。

2 混合腌料，搅拌至原蔗糖完全溶解。五花肉均匀抹上腌料，放进冰箱腌制约 24 小时，
期间不时翻转，让五花肉均匀吸收腌料。

第二天

3 从冰箱取出五花肉，保留腌汁。将五花肉挂在阴凉处，风干 12 小时，日落后取下放
回有腌汁的盘中，放入冰箱。

第三天至第七天

4 重复做法 3，风干时间因气温、湿度而有差异，五花肉表面渗油，用手捏起来干和硬
即完成，完成的五花肉最好放进冰箱冷藏。

五花肉怎么挑？
宜挑选层次多，肥瘦与厚度分布均匀的五花肉，广式腊肉的规格宽约 3cm，长约
30cm，一般家庭冰箱未必放得下，长度可以根据自己的需要调整。

自制腊肉的时间点：
阳光曝晒会让五花肉的油分大量渗出，闻起来有油脂氧化的异味，所以不宜曝晒。为了
让五花肉迅速风干不发霉，最好选择晴朗、空气干燥的日子制作。

冬季套餐（4~5人份）

烤番茄酱紫甘蓝卷

橙汁鸡翅

青花椰菜浓汤

在冷飕飕的冬天，没有什么比热腾腾的菜肴来得贴心暖胃。用紫甘蓝包裹肉馅，淋上番茄酱烘烤，大红大紫满足暖和的视觉享受。如果你不喜欢青花椰菜，可以做成浓汤，再搭配一道充满阳光气息的橙香鸡翅，好一桌喜洋洋的冬日盛宴。

食材特写

甘蓝

甘蓝耐寒，容易储藏。含大量维生素C、食物纤维、矿物质、许多微量元素，对身体非常有益。它所含的维生素U能抗溃疡，适合经常喝酒、胃或十二指肠溃疡的人食用。但它容易引发胀气，不宜摄取过量。

好的甘蓝够重量，叶片完整，层层坚挺贴服，无破裂、无黄萎。若非立即食用，可放在冰箱存放3~4天。烹调前先摘除外叶，将每片叶子剥开，泡水数分钟，再以流水冲洗。

青花椰菜

青花椰菜高纤维、低热量而有饱足感，叶酸、维生素C含量丰富，是抵御寒流的优质食材。青花椰菜的营养成分集中在花蕾，花梗食物纤维亦高，整株吃对身体和肠道健康都有裨益。

青花椰菜宜选青绿不黄、花蕾尖锐繁密，用手触碰有硬感的，花蕾部分若太大或发紫则显老。茎部有爆口，茎皮不枯干就是新鲜的。花蕾上的白粉是青花椰菜的花粉，有防止水分蒸发和预防细菌感染的作用。若未立即食用，用白纸包好，置于冰箱可储存2天。变成棕色就是坏了。花椰菜烹煮时间过长，营养成分会流失。拆成小块氽烫煮熟，最能保存营养和鲜嫩的颜色。

套餐食材

烤番茄酱紫甘蓝卷

紫甘蓝菜叶 12 片
牛绞肉 100g
猪绞肉 100g
红洋葱 1 个
日式面包粉 15g（6 大匙）
牛奶 3 大匙
低盐牛肉高汤 300ml
自制番茄酱 300ml
鲜采奥勒冈 1 束
Parmesan 起司 适量
通心粉 400g

调味料：
茄汁 ketchup 2 大匙
Demerara 原蔗糖 3 小匙
海盐 1/2 大匙
白胡椒粉 适量

橙汁鸡翅

鸡翅 10~12 只

腌料：
淡酱油 1 又 1/2 大匙
鱼露 1 大匙
苹果泥 2 大匙
蜂蜜 1 大匙
白胡椒粉适量

香橙芡汁：
鲜橙 1 个
青柠檬 1 个
白砂糖 3 小匙
粟粉 2 小匙

青花椰菜浓汤

青花椰菜 1 棵（约 300g）
洋葱 半个（约 200g）
白蘑菇 5~6 颗
腰果 40g
清鸡汤 600ml
月桂叶 2 片
孜然粉 1/2 小匙
初榨橄榄油 1 大匙
海盐 适量

烤番茄酱紫甘蓝卷

做法：

1 切除紫甘蓝的根部，从叶柄部分剥下菜叶，小心保持菜叶完整。泡水数分钟后，用流水冲洗。
  煮一锅热水将菜叶煮软，沥干，放凉。

2 红洋葱切丁，炒软至焦糖色，放凉。面包粉加入牛奶浸软，混合牛绞肉和猪绞肉，撒盐少许，
  用手搓至有黏性，加入已凉的红洋葱丁及胡椒粉，拌匀备用。

3 紫甘蓝叶平铺在烤盘内。将菜叶摊平，叶柄朝内，在柄端放入肉料，由柄处开始卷绕，将肉
  料包紧，排好入烤盘。预热烤箱至 200℃。

4 将牛肉高汤及番茄酱煮滚，加入调味料及一束奥勒冈，拌匀，试味。将调好的汁料倒入盛载
  菜卷的烤盘中，包上铝箔纸，入炉后降温至 170℃，烤 30 分钟。

5 从烤箱取出紫甘蓝卷，取走铝箔纸，将盘中的汁料舀起淋在菜卷上。

6 煮一锅热水，放进通心粉煮沸，再煮 12 分钟，关火盖上锅盖焖煮。

7 通心粉捞起沥水，即可享用。

橙汁鸡翅

做法：

1. 鸡翅加入腌料拌匀，用叉子或锐针插入鸡翅肉中，让腌料入味，放进冰箱腌 3~4 小时。
2. 榨橙汁和青柠汁，用滤网过滤果核，加入砂糖和粟粉，拌匀，备用。
3. 烧热平底锅，加入 1 小匙油，大火将鸡翅两面煎香，锁住肉汁，盖上锅盖焗 2~3 分钟（依鸡翅大小调整时间），若鸡翅的骨头露出即煮熟。加入香橙芡汁，大火将芡汁煮至冒泡，关火，盛盘。

腌鸡翅小秘诀：

鸡翅腌愈久愈入味，延长腌渍时间可以减少调味料的分量，减轻身体负荷。将腌渍的鸡翅放在冰箱里，取所需分量烹煮即可。

青花椰菜浓汤

做法:

1 青花椰菜泡水约 5 分钟,再用流水稍微冲洗。切成小朵烫过捞起,沥干放凉。

2 洋葱、蘑菇切丁加少许油炒 3~4 分钟,盛起。

3 腰果不放油,用平底锅烤香。

4 预留少许蘑菇丁装饰。将所有材料连同清鸡汤放入搅拌机中打碎,呈浓糊状即可。放入汤锅中,
  加入月桂叶及孜然粉,先煮沸再用小火煮 15 分钟,记得不时搅拌。

5 在浓汤上洒一点蘑菇丁,略微加热。

6 青花椰菜浓汤舀进碗中,加入海盐及初榨橄榄油提味。

冬季套餐（3~4人份）

甘蔗枝竹羊腩煲

辣豆瓣酱味噌炒青江菜

在不想爬出被窝的寒冷日子，最御寒的佳肴非"羊"莫属了，市面的羊腩煲，加入花椒、八角、陈皮、胡椒等辛香料去膻，滋补但燥热。南方严寒不及北方，可选性寒的甘蔗、鲜枝竹（湿豆皮）、马蹄、去肥腻的普洱茶叶代替香辛料去膻味。甘蔗经熬煮后吸收羊腩精华，啃食又是另一番滋味。鲜枝竹煮得软滑，马蹄爽脆，还有大蒜、豆泡，各种佐料吸饱清甜的汤汁，更添几分食趣。配上一道时令青江菜，以日本味噌、辣豆瓣酱衬托蔬菜本身的清脆爽口，非常容易烹调，适宜下饭。

食材特写

羊肉

羊肉是温热的食材，含有丰富的钙、B族维生素、维生素E、铁、蛋白质，容易消化，可增加热量，促进血液循环，改善手脚冰冷，预防贫血及骨质疏松，是冬天抗寒暖身的首选。羊肉的脂肪和胆固醇含量比猪、牛低，脂肪层很容易去除。烹调方法多样：爆、炒、烤、烧、酱、涮、炖。酒、生姜可以去膻，但容易上火。绿豆、萝卜、白米醋、马蹄等寒性食材也有很好的去膻功效。

甘蔗

节气小雪一到，滋润的甘蔗累积了糖分，大量上市。宜选择坚硬、瓤部呈乳白色、有清香蔗味的新鲜甘蔗。如瓤部变为淡褐色，有酒糟味，就不能食用了，吃了被真菌感染的甘蔗会引起呕吐、抽搐的症状。

青江菜

青江菜因为叶柄长得像汤匙，俗称"汤匙菜"。它的生长期极短，一年四季都能生长，以冬季盛产的味道最棒。其含有丰富的抗氧化β-胡萝卜素、维生素C、蛋白质、钙、磷、铁等，有助于预防骨质疏松。吃太多油腻的食物，再吃水煮的青江菜能帮助消化油脂，通润肠胃。

套餐食材

甘蔗枝竹羊腩煲

羊腿或羊腩 1000g
紫皮甘蔗 300g
连皮马蹄（荸荠）300g
鲜枝竹（湿豆皮）100g
豆泡 100g
大蒜 300g
独子蒜头 3 颗
红葱头 3 颗
葱花 2 大匙
姜泥 1 大匙
清水 1000ml
（水量可视锅具的大小而定）

调味料：
淡酱油 1 大匙
南乳 2 大块
蚝油 2 大匙
米酒 1 大匙
普洱茶包 2 个
月桂叶 2 片

辣豆瓣酱味噌炒青江菜

青江菜 600g
日本味噌 1 大匙
辣豆瓣酱 1 大匙
粟粉 1/2 小匙
白砂糖 1 小匙
独子蒜头 半颗
薄切生姜 3~4 片
清水 1 大匙

甘蔗枝竹羊腩煲

如何切甘蔗

做法:

1　把羊腩切成约 4cm×4cm 肉丁,放入已盛冷水的锅里,小火煮沸至全熟,除去血水和腥味,捞起,用流水冲洗备用。

2　甘蔗去皮,切粗段。拍扁蒜头及红葱头,切末。切葱花,生姜磨泥。大蒜洗净,去根部,将表面一层薄衣撕走,切段。

3　洗净马蹄表面的泥土,马蹄中寄生虫较多,连皮放入沸水中煮沸 5 分钟,捞起放凉后才去皮。

4　另煮一锅沸水,放入豆泡汆烫 2~3 分钟,捞起,放凉后榨干水分及把油分逼出。换一锅清水煮沸,加入鲜枝竹汆烫 30 秒,捞起沥干。

5　在锅中加少许油,爆香姜泥、蒜末、红葱头末和大蒜。闻到香味后,加入羊腩、米酒,待酒精蒸发只剩香气时,加入马蹄和甘蔗。加水完全浸没材料,放入淡酱油、南乳、蚝油、月桂叶及普洱茶包,小火焖煮 20 分钟。取走茶包。放入豆泡和鲜枝竹,小火焖煮 40 分钟,不要频繁掀锅盖。

6　羊腩焖煮 1 小时后,掀盖,试吃羊腩,若肉质软硬适中,可把甘蔗捞起,关火。

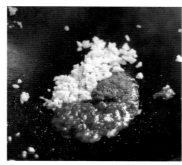

辣豆瓣酱味噌炒青江菜

做法：

1 青江菜用清水浸泡20分钟，用菜刀在胚轴的尾端划上一条刀痕，用手从尾端撕开，菜根可能沾有泥土，分切后用流水冲走泥土。

2 煮一锅热水，加入姜片，水滚把青江菜的叶柄部分先放入锅里，煮至略微透明时再连同叶片泡进沸水里，叶片变色即可捞起，放在滤勺上沥干。

3 混合味噌、辣豆瓣酱、粟粉及清水，拌匀。蒜头拍扁去皮切末、生姜切片。

4 在锅里加少许油，大火烧热，加入蒜末及姜片爆香，加入砂糖及预先拌好的酱汁，加入青江菜翻炒几下，青江菜均匀沾满酱汁即可上菜。

套餐烹调小秘诀：

1 羊腩比羊腿好吃，但脂肪较多。

2 甘蔗本身有甜味，调味料的分量可自行斟酌。

3 家中若有电磁炉，可把寒性的蔬菜，如莴苣、油菜加入羊腩煲里烫热享用。

芝麻糊

冬季气候寒冷，人体消耗体力御寒，容易感到困倦。芝麻虽微小，却是很好的热量来源，自古便是延年益寿的食品。黑芝麻味甘性平，能滋养发肤、通便、解毒。芝麻成分一半为脂肪，黑芝麻的钙、铁、食物纤维高于白芝麻，蛋白质、B族维生素、维生素 E 也相当丰富。自己研磨香浓细滑的黑芝麻糊，无添加无色素，真正有助于养生。

材料：（8~10 人份）

黑芝麻 250g　白芝麻 50g　白米 6 大匙　冰糖 150g　清水 2500ml

做法：

1　洗净白米，用清水浸泡，放进冷冻库冷藏数小时，有利于淀粉质分解。

2　芝麻洗净，沥干，小火炒 5~10 分钟，闻到芝麻香即可关火，放凉备用。

3　把芝麻及清水分成 4 等份，每次一份芝麻一份清水，放入搅拌机中打碎成细滑的芝麻浆，
　　搅拌的时间及次数依搅拌机的功率调整。

4　混合白米及芝麻浆，用搅拌机再打一次，注入布袋过滤，压拧布袋榨出芝麻浆。

5　芝麻浆加入冰糖，中火煮溶，试味，煮沸后即可关火。煮沸前必须不停搅拌，否则米浆
　　沉在底部结块，容易焦底。芝麻糊的沸腾速度很快，小心炉火。放凉会变得浓稠，加热
　　时芝麻糊变稀是正常的。

好吃芝麻糊小秘诀：

1　芝麻不能炒太久，否则会变苦和上火。黑芝麻较难判断炒熟的程度，加入白芝麻同炒，
　　白芝麻颜色转为金黄色即炒熟。

2　功率强大的搅拌机可把芝麻打得很细，如果芝麻渣没砂粒，可以连同 1/3 的芝麻渣一起
　　熬煮，更有营养。

3　湿润的芝麻渣可存放在小盒里，放进冰箱冷冻库保存 3~4 个月，随时取用，可做面包、
　　馒头、蛋糕、布丁、雪糕、芝麻卷、芝麻汤圆等。不想占冰箱的空间，可把芝麻渣压平、
　　烘干，用搅拌机打磨成芝麻粉，室温存放即可。

海参甜汤

海参高蛋白、低脂肪、低胆固醇，富含钒、铁、硫酸软骨素、海参素。可降低血脂、养颜美容、延缓老化，提高人体的免疫力。淡而无味的海参，搭配姜、冰糖、小米，以瓷锅炖盅隔水清炖。海参不接触热源不会糊底，营养充分释放，清澈的甜汤里飘着姜香，凸显海参简朴的胶质，爽嫩软滑，味道令人惊喜。

材料（3~4 人份）：

海参 50g　小米 10g　冰糖 80g　薄切生姜 1 片　清水 1000ml

做法：

1　海参用冷水浸泡一晚，次日倒去浸泡过的水。把海参放入小锅，重新注入清水煮沸，
　　关火待凉，海参连同煮过的水再浸泡一晚。第三天及第四天重复次日的步骤。

2　用剪刀切开海参腹部，取出肠壁，用流水冲洗，切圈状厚片，放入瓷锅炖盅里。

3　用 1000ml 清水煮溶冰糖，倒进炖盅，加入小米，加盖，隔水微火炖 3 小时，最后
　　30 分钟加入姜片。

海参的挑选和处理：

1　海参容易变质，宜到信誉良好的海味店购买干货。正常的干货海参，浸泡后体积会根
　　据品质变大 3~8 倍，有淡腥而非刺鼻的味道。如海参表面十分黑亮美观，有可能加入
　　大量的白糖、胶质甚至明矾。

2　泡发海参最花时间。第一次浸泡勿用热水，否则煮熟外层，但内里不能吸收水分，会
　　使海参部分溶化。泡发期间不能沾油脂及盐，否则会降低海参的吸水力，甚至溶化。
　　泡好的海参在高温下也会溶化，必须以小火烹调。

蔓越莓果茶

冬天是蔓越莓成熟的季节，蔓越莓富含抗氧化物质及维生素C，能增强抵抗力，防止泌尿道感染，预防老年痴呆症。在灰暗阴冷的冬日早晨，泡一壶红红的蔓越莓果茶，果香浓郁微酸，驱走寒意。

材料（2~3 人份）：

新鲜蔓越莓 200g　Darjeeling 红茶叶 12g　蜂蜜 7~8 小匙　肉桂枝 1 根
冷开水 400ml（泡茶用）　清水 400ml（煮蔓越莓用）

水果：（可选择性加入，分量随意）　苹果　杏　橙

做法：

1　红茶叶用冷开水浸泡 6~8 小时，若室温低于 15℃不用放进冰箱。
2　把蔓越莓和 400ml 清水煮沸，蔓越莓爆裂时发出"噼噼"的声音，即可关火，用
　　网勺过滤蔓越莓汁。
3　用网勺滤茶叶，混合蔓越莓汁与红茶，加入蜂蜜、肉桂枝及切丁水果，即可享用。

蔓越莓的挑选与保存：
蔓越莓宜选饱满结实、色泽明亮的。避免太软或皱皮。蔓越莓耐放，冷藏保存可达
2~3 周，冷冻保存达 6~9 个月。

冷泡茶的好处：
热水会释出茶叶的单宁酸和咖啡因，伤胃也影响睡眠。冷水会让茶叶释出甜味的氨基酸。
冷泡的茶虽不及热泡的香浓，但能降低失眠的概率。